뷰티풀 사이언스

뷰티풀
사이언스

아이리스 고틀립 | 김아림 옮김

역자 김아림(金娥琳)
서울대학교 생물교육과를 졸업했고 같은 학교 대학원 과학사 및 과학철학 협
동과정에서 석사 학위를 받았다. 대학원에서는 생물학의 역사와 철학, 진화 생
물학을 공부했다. 과학을 좀더 넓은 관점에서 통합적으로 바라보는 일에 관심
이 있어서 출판사에서 과학책을 만들다가 지금은 번역 에이전시 엔터스코리아에
서 출판기획자 및 전문번역가로 활동 중이다. 옮긴 책으로는 『자연의 농담』, 『수
학 방정식의 사생활』, 『주기율표의 사생활』, 『뇌과학으로 읽는 트라우마와 통증』,
『세상의 모든 딱정벌레』, 『구멍투성이 과학』 등 다수가 있다.

편집, 교정_이예은(李叡銀)

뷰티풀 사이언스

저자/아이리스 고틀립
발행처/까치글방
발행인/박후영
주소/서울시 용산구 서빙고로 67, 파크타워 103동 1003호
전화/02 · 735 · 8998, 736 · 7768
팩시밀리/02 · 723 · 4591
홈페이지/www.kachibooks.co.kr
전자우편/kachibooks@gmail.com
등록번호/1-528
등록일/1977. 8. 5
초판 1쇄 발행일/2019. 3. 15
　　　3쇄 발행일/2019. 6. 25

값/뒤표지에 쓰여 있음
ISBN 978-89-7291-683-3 03400
이 도서의 국립중앙도서관 출판예정도서목록(CIP)은 서지정보유통지원시스템 홈페이지(http://seoji.
nl.go.kr)와 국가자료공동목록시스템(http://www.nl.go.kr/kolisnet)에서 이용하실 수 있습니다. (CIP제
어번호 : CIP2019007850)

차례

호기심을 가진 모든 이에게, 그리고 나의 반려견 버니에게 바친다.

들어가며

이 책을 쓰도록 영감을 준 동물이 있다. 바로 바우어새이다. 야생 최고의 수집가 수컷 바우어새는 색의 조화를 고려해서 조각품 같은 둥지를 짓는 솜씨 좋은 건축가이다. 둥지는 나뭇가지뿐만 아니라 사람이 만들었거나 자연에서 온 물체들로 지어졌으며 흔히 컬러 팔레트에서나 보았을 법한 색을 띤다. 나는 둥지를 짓는 바우어새처럼 과학이라는 우주에서 작은 조각 하나하나를 모아서 이 책을 썼다.

나는 어린 시절부터 자연을 조사하고 기록했다. 사람들 앞에서는 내성적이었지만 자연에서는 온갖 동식물들과 친구가 되었다. 바닷가의 모래파기 게, 길이가 180센티미터에 이르는 빌이라는 이름의 해초, 뒷마당에 있는 지렁이와 반딧불이, 슬리퍼라는 이름의 죽은 물고기(만났을 때부터 죽은 상태였다), 여러 해에 걸쳐서 만났던 여러 마리의 비슷한 모래 쥐들, 그리고 지금 나의 가장 좋은 친구인 반려견 버니까지 말이다. 이 책을 쓰기까지 나는 무척 많은 개념들을 탐색해야 했고 짜증을 낼 정도로 가족에게 끊임없이 질문을 던졌다. 지구상에 존재하는 모래알이 많을까, 우주 전체에 존재하는 별이 많을까? 사람의 몸과 완전히 같은 길이의 털이 있을까?

바다에 만조는 왜 생길까?

과학이 다루는 범위는 우리가 미처 파악하기 힘들 정도로 방대하다. 양자 입자에서부터 우주의 바깥쪽 경계에까지 이른다. 이렇듯 과학이 다루는 대상의 대부분은 우리가 실제로 보거나 만질 수 없다. 그래서 나는 그림을 통해서 과학이라는 세계를 배웠다. 내 앞에 있는 대상을 간단한 시각정보로 옮겨서 눈으로 볼 수 있게 되니, 무한하고 추상적인 개념이나 현미경을 통해서만 보이는 상호작용에 대해서 이해할 수 있게 되었다. 인간의 척도에서 접근하기 힘든 체계들을 보편적인 시각언어로 옮겨오면서 정보는 이해하기 쉬워졌고 보기에도 아름다워졌다.

나는 과학에 대한 학문적인 지식 없이 이 책을 썼다. 과학적인 진실은 정말이지 소설보다 낯설다. 학교에서 어떤 교육을 받았든 이것은 모든 사람들이 탐구하고 이해하며 음미할 가치가 있다. 나는 복잡하게 얽힌 과학이라는 세계를 예술과 비유, 이야기로 설명하고 싶었다. 과학에 경이로움을 느끼는 사람, 유머 감각이 있는 사람이라면 누구나 이 책을 통해서 겁먹지 않고 과학에 보다 더 쉽게 접근할 수 있으며 과학을 매혹적으로 느낄 수 있을 것이다.

생명과학

살아 있는 유기체를 연구하는 분야
살아 있다는 것이 무엇인지, 생명체의 몸 안에서 어떤 일들이 벌어지는지 알아보자

해부학
생물학
식물학
생태학
유전학
미생물학
신경생물학
동물학

생명이란 무엇일까?

살아 있는 생명체의 7가지 기준

항상성

내부의 상태를 일정하게 조절하고
유지하는 능력

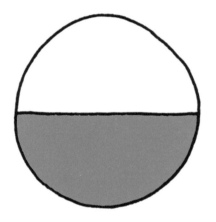

신진대사

외부 에너지를 내부 에너지와 노폐물로
변환하는 능력

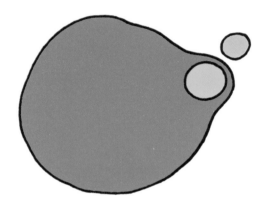

조직화

하나 또는 하나 이상의 세포의 유형으로
이루어진 구성

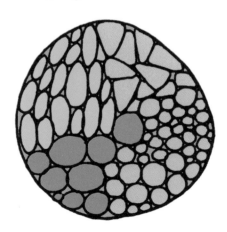

적응

시간이 흐르면서 환경에 대응하여
변화하는 능력

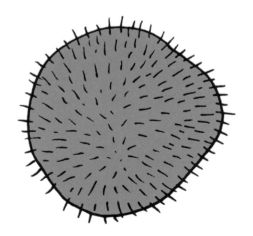

자극에 대한 반응
주로 감각기관들에서 오는 외부의 자극에 반응하는 능력

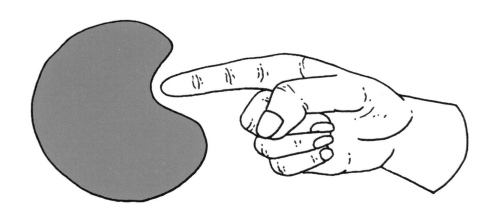

성장
시간이 흐르면서 크기가 커지는
과정

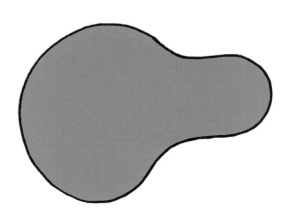

생식
유성생식 또는 무성생식을 통해서
자손을 생산하는 능력

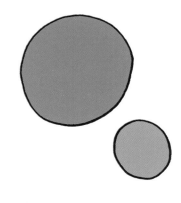

진화 : 1부

진화란 돌연변이, 이주(또는 유전자 흐름), 유전적 부동,
자연선택의 메커니즘을 통해서 살아 있는 유기체가 발생
하고 다양해지는 과정이다. 이런 모든 과정들은 진화적
변화의 기초를 이루는 유전적 변이를 일으킨다.

1. **돌연변이** : DNA가 무작위로 변화하는 것.
세포분열 때 DNA가 불완전하게 복제되거나
화학물질에 노출되거나 방사선 같은
외부의 힘을 받으면 돌연변이가 생길 수 있다.

2. **이주** : 새로운 장소나 개체군을 통해서
유전적 다양성이 생기는 것.
식량 부족 때문에 개체군이 다른 곳으로
이동한 결과, 개체들이 새로운 장소에서
짝짓기를 할 때가 여기에 속한다. 식물의
경우 바람이 불어서 꽃가루가 새로운
들판에 떨어졌을 때 이런 일이 생긴다.

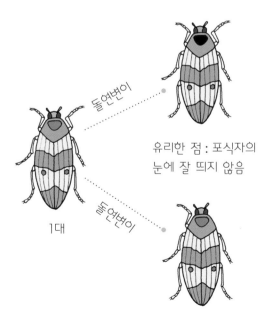

돌연변이

유리한 점 : 포식자의
눈에 잘 띄지 않음

1대

돌연변이

불리한 점 : 다리가 없음

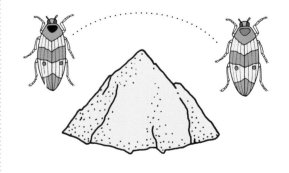

3. **유전적 부동** : 변화는 순전히 우연하게 이루어지며, 생존에 더욱 유리한 유전자만을 선호하지는 않는다. 예컨대 특정 개체들은 기후변화나 사고를 겪을 수도 있고 (자연적인 포식자가 아닌) 인간의 손에 죽임을 당할 수도 있다. 이것은 해당 개체들의 유전적인 강점이나 약점과는 상관이 없다.

자연에는 자연선택이라는 단어로는 축약되지 않는 사실들이 많다. 인류는 오랜 세월 동안 진화라는 논변을 이용하여, 다른 사람들과 자연계를 판단하고 증오하고 폭력을 행사해왔다. "적자생존(survival of the fittest)"이라는 문구는 그동안 차별을 저지르는 데에 활용되었다.

자연선택을 비롯한 진화 작용의 다른 모든 메커니즘들에는 시간의 흐름에 따른 생물 종의 생존 말고는 어떤 계획이나 최종 목표도 없다. 진화 자체는 무엇이 진화하고 무엇이 멸종하게 되는지에 대해서 한쪽으로 치우친 이해관계를 가지지 않는다.

적자생존 역시 적합에 관한 사회적인 관념과 무관하다. 이것은 물리적인 힘이나 빠르기, 지성을 묘사하는 말이 아니다. 그보다는 유전자가 살아남고 후손 안에서 적응하는 능력을 말한다. 자연선택이란 단순히 시간의 흐름에 따른 변화 과정을 가리킨다.

진화 : 2부

자연선택

4. **자연선택** : 가장 널리 알려진 진화 방식이다.
최초의 단세포 생명이 나타난 이후로,
지난 38억 년 동안 지구의 유기체들에게서 나타난
가장 큰 패턴과 흐름은 대부분 자연선택에 따른 것이다.

진화 : 3부
자연선택

자연선택이 이루어지려면 유전적 다양성, 형질 변이(개체군의 딱정벌레 가운데 일부는 머리가 노란색이고 일부는 머리가 초록색이다), 차별적인 재생산(모든 개체들이 무한정으로 완벽하게 재생산을 할 수는 없다. 머리가 노란 딱정벌레는 눈에 잘 띄어서 새들이 더 많이 잡아먹는다), 그리고 그 형질이 다음 세대(머리가 노란색인 딱정벌레는 살아남아서 다음 세대로 천연색 형질을 전할 확률이 낮고, 그에 따라서 유전자 풀[gene pool]에서 수적으로 적어지게 되며 결국에는 사라진다)로 전해져야 한다는 초기조건이 필요하다.

이 사례에서 포식자는 머리가 노란색인 딱정벌레에 보다 더 자주 끌리기 때문에, 이 개체군의 후손들은 살아남을 확률을 높이기 위하여 노란색 머리 유전자를 적게 가지는 것이 유리하다. 이 개념은 이론적으로 비교적 단순하다. 하지만 실제로는 사람들이 일으킨 환경의 변화, 학습된 행동, 성 선택과 같은 여러 요인들이 상황을 복잡하게 만든다. 성 선택이 까다로운 이유는 종의 생존에 가장 유리한 요인인 유전학적 요인만을 반드시 필요로 하는 것이 아니라 행동과 서식 영역 또한 필요로 하기 때문이다. 머리가 노란색인 딱정벌레는 화려한 외모로 짝짓기 상대를 많이 끌어들일 수 있지만 동시에 포식자들의 표적이 될 확률도 더 높다.

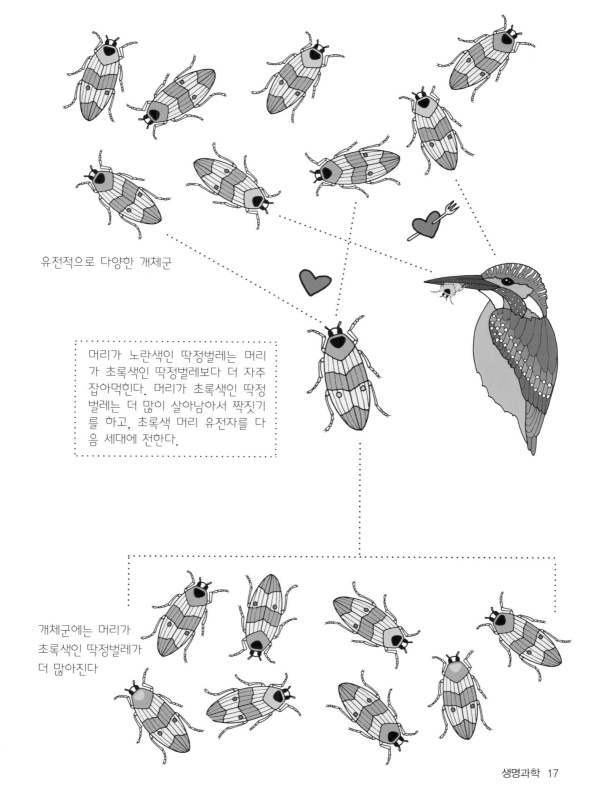

유전적으로 다양한 개체군

머리가 노란색인 딱정벌레는 머리가 초록색인 딱정벌레보다 더 자주 잡아먹힌다. 머리가 초록색인 딱정벌레는 더 많이 살아남아서 짝짓기를 하고, 초록색 머리 유전자를 다음 세대에 전한다.

개체군에는 머리가 초록색인 딱정벌레가 더 많아진다

우리는 동물들과 유전적으로 얼마나 비슷할까?

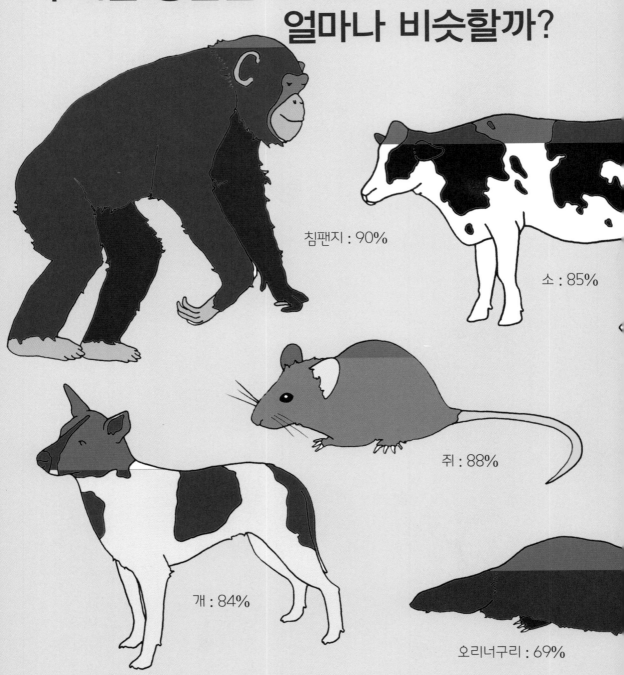

침팬지 : 90%

소 : 85%

쥐 : 88%

개 : 84%

오리너구리 : 69%

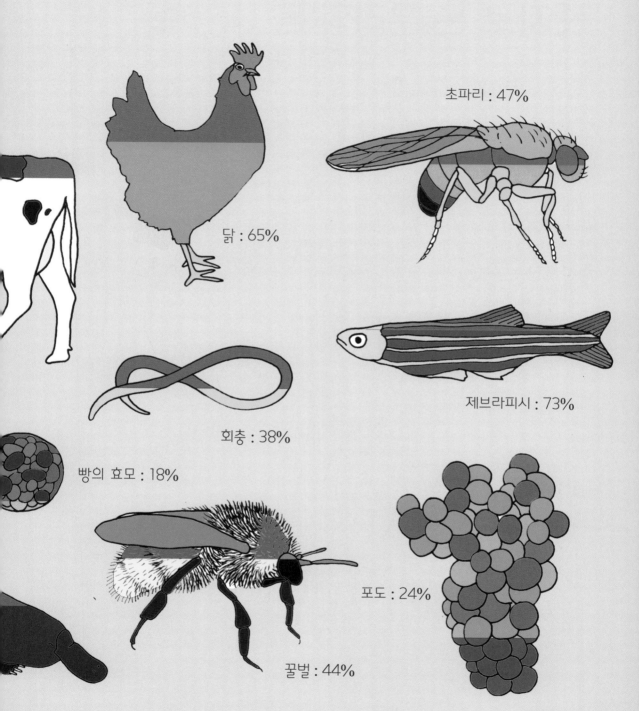

초파리 : 47%

닭 : 65%

제브라피시 : 73%

회충 : 38%

빵의 효모 : 18%

포도 : 24%

꿀벌 : 44%

숫자로 본 우리의 몸

원자 : 7,000,000,000,000,000,000,000,000,000(7옥틸리언[octillion])개
세균 : 39,000,000,000,000(39조)개
세포 : 37,200,000,000,000(37.2조)개
적혈구 : 24,900,000,000,000(24.9조)개
신경세포(뉴런) : 100,000,000,000(1,000억)개
머리카락 : 5,000,000,000(50억)개
성인 몸속의 모든 혈관들을 끝에서 끝까지 이어놓은 길이 : 16만934킬로미터
재채기가 멎지 않고 가장 오래 이어진 기간 : 976일
1분 동안 눈을 깜박이는 횟수 : 15-20회
염색체 쌍의 개수 : 23개
모든 뼛속 세포들이 새로운 세포로 바뀌는 데에 걸리는 햇수 : 10년

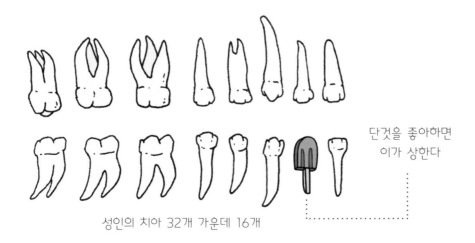

성인의 치아 32개 가운데 16개

단것을 좋아하면
이가 상한다

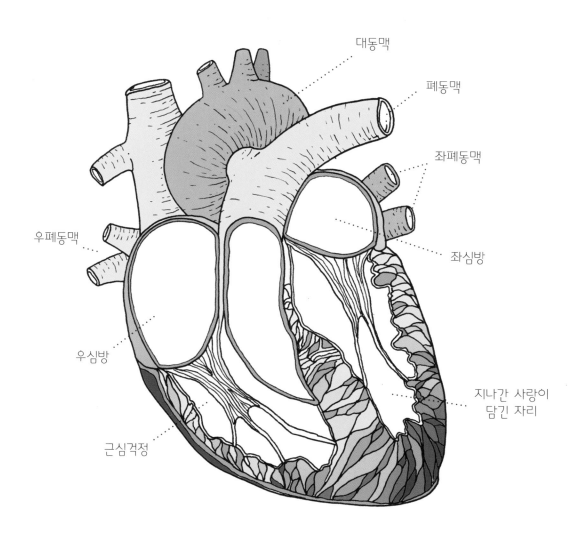

대동맥

폐동맥

좌폐동맥

우폐동맥

좌심방

우심방

지나간 사랑이
담긴 자리

근심걱정

그림 1. 사람 심장의 해부학적 구조

정자와 난자

확실히 닭보다 달걀이 먼저이다

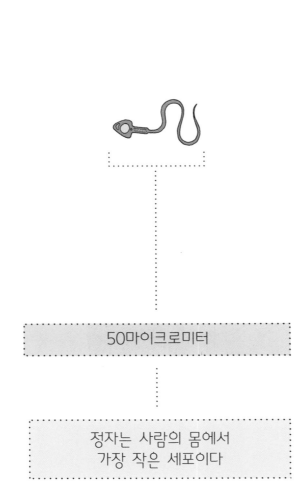

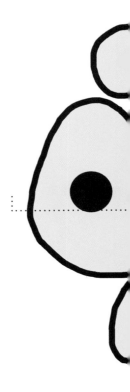

50마이크로미터

정자는 사람의 몸에서
가장 작은 세포이다

* 실제 비율을 반영해서 그린 것은 아니다

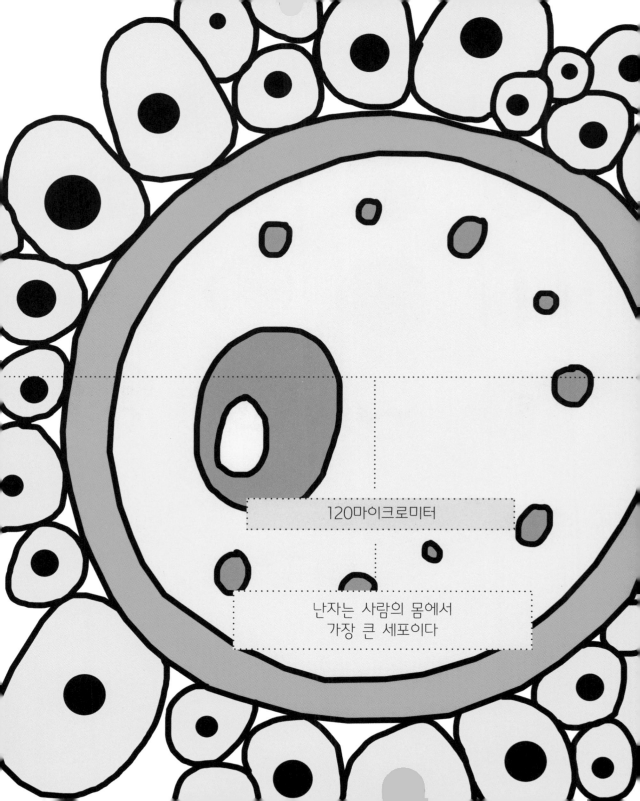

120마이크로미터

난자는 사람의 몸에서
가장 큰 세포이다

눈

눈은 마음의 창이다

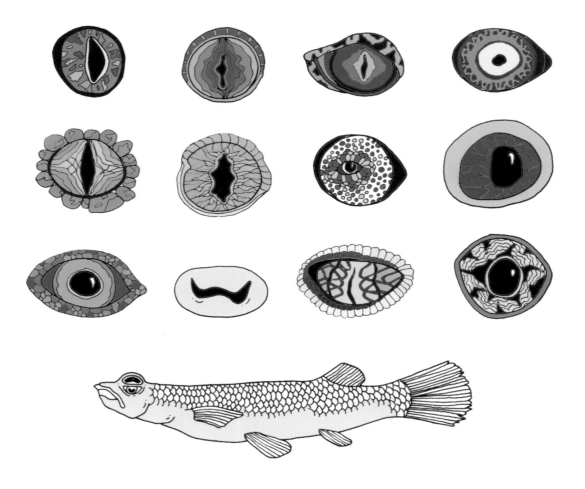

네눈박이물고기는 하나의 눈에
2개의 눈동자를 가지고 있어서
물 위쪽과 아래쪽을 볼 수 있다.
수정체의 두께가 바뀌는 이유는
공기 중과 물속은 빛이 굴절하는
정도가 다르기 때문이다.

동물들의 눈은 필요한 만큼만
발달되었다. 어떤 종의 주변 환경이
그다지 복잡한 눈을 필요로 하지
않는다면(동굴에 서식하는 종처럼),
이들의 눈은 보다 덜 복잡하고 에너지가
적게 소모되는 구조로 진화한다.

눈은 놀랄 만큼 복잡하며 다재다능하다.
눈이 할 수 있는 일은 다음과 같다.

- 먹이 찾기
- 짝짓기 상대 찾기
- 위험 감지하기
- 하루 중 언제쯤인지 시간 알아내기
- 깊이, 색깔, 움직임 알아내기

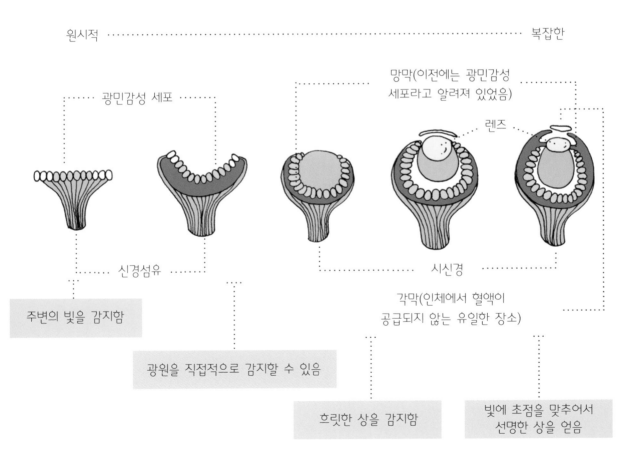

원시적 ·· 복잡한

망막(이전에는 광민감성
세포라고 알려져 있었음)

광민감성 세포

렌즈

신경섬유

시신경

주변의 빛을 감지함

광원을 직접적으로 감지할 수 있음

각막(인체에서 혈액이
공급되지 않는 유일한 장소)

흐릿한 상을 감지함

빛에 초점을 맞추어서
선명한 상을 얻음

털

왜 팔에 난 털은 1미터까지 자라지 않을까?

털이 얼마만큼까지 자라는지는 성장 주기의 기간에 따라서 결정된다.

1단계 : 성장기(털이 자라는 시기)

이 단계에서 모낭세포는 빠르게 분열하며, 그에 따라서 모간(털줄기)이 늘어나는데, 이 성장기의 길이가 털의 길이를 결정한다. 머리카락의 성장기는 2-6년인 반면에 다른 곳의 털은 고작 30-45일 동안만 자란다(여러분의 팔에 난 털이 1미터까지 자라지 않는 이유가 바로 이것이다). 머리카락의 85퍼센트는 성장기에 있다.

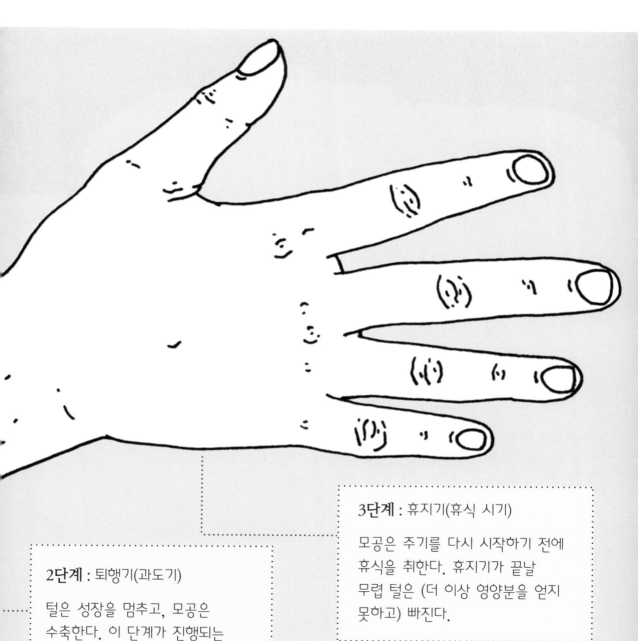

2단계 : 퇴행기(과도기)

털은 성장을 멈추고, 모공은
수축한다. 이 단계가 진행되는
기간은 2-3주일 정도로 몹시 짧다.

3단계 : 휴지기(휴식 시기)

모공은 주기를 다시 시작하기 전에
휴식을 취한다. 휴지기가 끝날
무렵 털은 (더 이상 영양분을 얻지
못하고) 빠진다.

알쏭달쏭한 수면의 과학

무의식에 빠진 8시간 동안 어떤 일이 벌어질까?

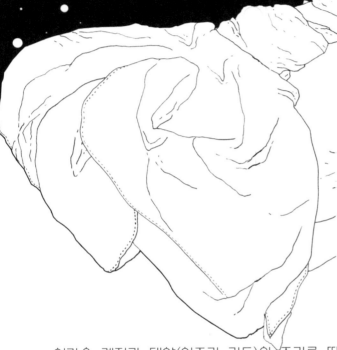

우리는 왜 잠을 잘까?
이에 대한 답은 놀랍게도 아직 확실하지 않다. 그러나 잠은 꼭 필요한, 특별한 과정임이 틀림없다. 대부분(전부는 아니라고 해도)의 동물들이 잠을 자느라 상당한 시간 동안 무의식 속에서 마비된 채 공격받기 쉬운 상태로 보내고 있으니 말이다.

인간은 계절과 태양(일주기 리듬)의 주기를 따르도록 진화했다. 하지만 인공적인 불빛이 나타나면서 이런 자연적인 주기는 부자연스러워졌다. 예컨대 컴퓨터나 휴대전화의 청색광은 졸음 신호를 보내는 호르몬인 멜라토닌을 억제한다.

우리는 잠의 진화론적인 뿌리가 무엇인지 아직 확실하게 알지 못한다. 그러나 우리는 잠자는 동안에 몸이 기억을 저장하고 배웠던 것을 새기며 세포를 수리하고 호르몬을 조절하고 면역 기능을 유지한다는 것을 안다.

시상(1)과 시상하부(2)

대뇌피질을 활발하게 자극한다. 대뇌피질은 각성과 복잡한 뇌 기능을 유지하는 기관이다.

뇌 속에서 일어나는 수면 과정

시교차 상핵(4)

시상하부 안에 자리한 이 세포 집단은 신체 내부의 생물학적 시계를 작동한다. 이 시계는 시신경에서 오는 빛의 신호를 기초로 한다.

오렉신 뉴런(5)

히포크레틴이라고도 불리는 신경전달물질로, 뇌의 각성 센터를 자극하여 뇌를 깨어 있게 한다.

복외측 시각교차 앞구역(3)

뇌의 각성 센터에서 오는 신호를 억제하는 신경전달물질을 분비하여 졸음을 유도한다.

조면유두체 핵(6)

뇌의 각성 센터로, 신경전달물질인 히스타민을 분비한다(그렇기 때문에 항알레르기 약품인 항히스타민제를 복용하면 졸음이 올 수 있다……).

뇌 중앙의 발전소가 하는 일은 여기서 그치지 않는다. 수면/각성 주기 관리, 호르몬 조절, 일정한 체온 유지 등의 일을 할 뿐만 아니라 밤 동안 몸이 계속 잠들어 있게 한다.

죽은 척하기

우리는 어떻게 해서 꿈을 꾸게 되었을까?

동물들은 자기가 맛 좋은 먹잇감이 아닌 것처럼
보이려고 죽은 척을 한다. 이런 긴장성 부동
(또는 사태 반사) 덕분에 사람을 비롯한 동물들은
꿈을 꾸도록(렘 수면 상태) 진화했다.

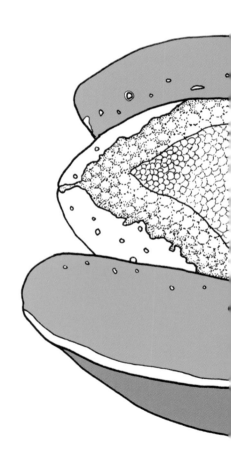

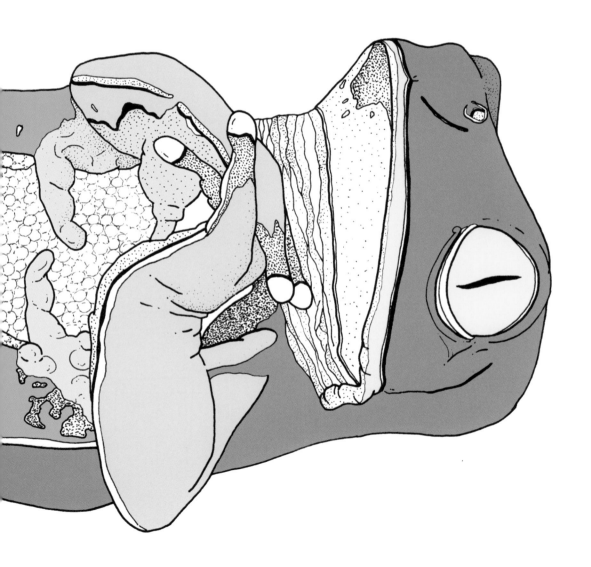

동물적인 본능

과거의 우리가 현재의 우리를 지키려고 한다

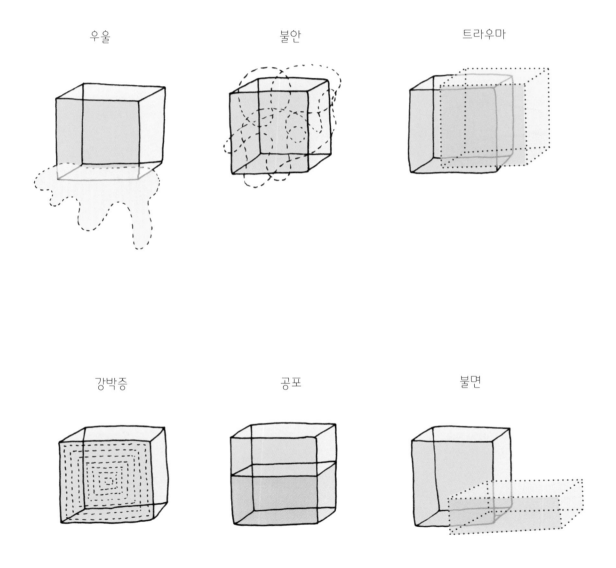

우울

불안

트라우마

강박증

공포

불면

우리, 특히 포유동물은 스스로를 보호하고, 필요한 모든 수단들을 동원하여 새끼를 위험에서 지키도록 진화했다. 동물계의 다른 구성원들 상당수가 그런 것처럼 말이다. 인간에게서(그리고 동물에게서) 나타나는 가장 흔한 정신 질환들은 대부분 이런 선의에서 나온 충동이 실패한 결과이다. 예컨대 해로운 세균을 피해서 청결한 장소를 찾거나 자손을 안전하게 키우려고 하거나 짝짓기 상대를 찾으려는 욕구가 잘못된 적응을 거치면 강박증으로 나타날 수 있다.

근처의 포식자를 피하기 위해서 방심하지 않고 바짝 경계하며 두려움을 느끼는 경향은 불안과 편집증으로 모습을 바꾸기도 한다. 특히 인류가 이전에 진화했던 환경에 비해서 (여러모로) 안전한 환경에서는 더욱 그렇다.

한편 잠자는 것은 동물이 자기 자신을 공격받기 가장 쉬운 상태로 내모는 활동이다. 한 번에 몇 시간 동안 의식 없이, 몸을 움직이지 못하며, 물리적으로 마비된 채로 있기 때문이다. 이때 우리의 마음이 몸을 쉬지 못하게 하고 밤에도 경계하고 조심하면 불면증이 생길 수 있다.

트라우마는 온갖 종류의 징후를 낳을 수 있는데, 거기에는 다른 여러 정신 질환이 나타나도록 촉발하는 것들도 포함된다. 우리의 몸은 트라우마에 반응하여 싸움, 도망, 얼어붙기 같은 상태에 들어가고 스스로를 보호하기 위해서 과열된다. 이렇듯 과민한 교감신경계는 정신과 육체에 다양한 만성적 질환을 일으킨다.

중독은 보상으로 발생하는 물질 또는 활동을 우리 뇌가 지나칠 정도로 충분하게 받아들였을 때 나타날 수 있다.

우울증은 동물의 왕국에서 위계에 대한 복종의 표시나 에너지를 아끼는 수단으로 작용할 수 있다.

인간이 동물적인 자아에서 기원했고, 그 자아가 우리를 보호하기 위해서 최선을 다하고 있을 가능성이 높다는 사실을 생각하면 왠지 모르게 안심이 된다.

감각

우리는 주변 세계를 어떻게 알까?

우리는 감각을 통해서 주변 세계로부터 데이터를 모은다. 여러 생물 종은 각자 자기의 환경에 가장 알맞고 생존에 유리한 정보를 효율적으로 모으도록 진화해왔다. 이때 감각 수용기는 바깥 온도를 감지하거나 잠재적인 포식자가 다가오는 모습을 알아채거나 죽은 동물의 고기가 썩어가는지 여부와 같은 특정한 정보들을 우리에게 전달한다. 이러한 입력값은 뇌의 특정 부위에서 해석을 거쳐, 통증을 일으키는 원인에서 멀어지거나 식량을 향해서 가까이 다가가거나 하는 행동을 일으킨다.

특정 동물들은 인간과는 완전히 다른 감각기관을 가졌다(예컨대 뱀은 머릿속의 특별한 피트 기관[pit organ]을 통해서 적외선이나 복사열을 "볼 수" 있다). 한편 몇몇 동물들은 인간과 동일한 감각기관을 다른 방식으로 활용한다. 밤에 사냥하는 동물들의 뛰어난 야간 시력이 그런 예이다.

반향정위는 반사된 소리를 매우 정확하게 해석하여 주변 공간이나 식량을 감지하는 방법이다. 박쥐와 고래류(돌고래, 고래, 쇠돌고래)는 반향정위를 사용하며, 어려서 시각을 잃은 사람도 종종 이 기술을 활용하여 자신의 위치를 알 수 있다. 별나게 생긴 동물인 오리너구리 역시 흥미로운 기술을 가지고 있다. 전기장을 감지하는 전기적 수용 능력이 바로 그것이다. 이 동물은 기계적 수용(촉각, 소리, 압력의 변화를 감지하는 능력)과 함께 전기적 수용을 활용하여 물속에서 먹잇감을 찾는다.

진동

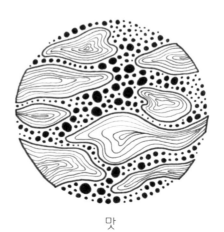

맛

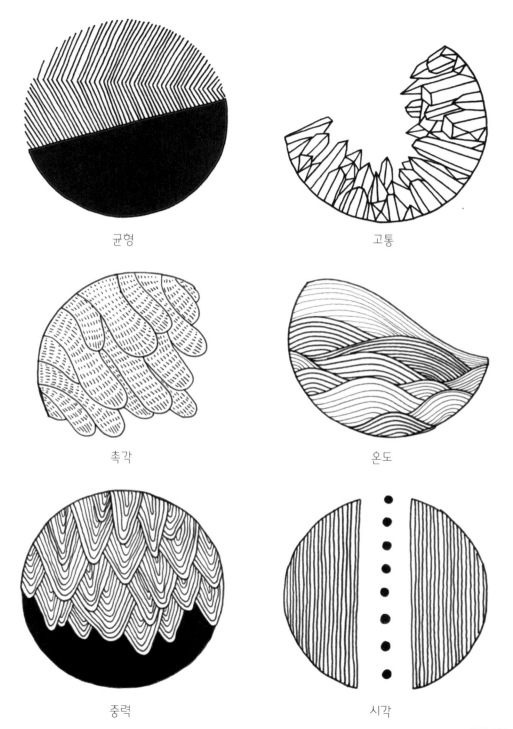

균형

고통

촉각

온도

중력

시각

공감각

팬케이크에서 숫자 12의 맛이 날 때

가끔은 우리의 감각으로부터 전달된 입력값이 뇌에서 처리되면서 감각끼리 서로 마주친다. 그러면 감각이 뒤섞이는데 이런 현상을 공감각(공감각을 뜻하는 단어 synesthesia는 그리스어로 "동반 감각"을 의미한다)이라고 한다. 감각들이 어떤 식으로 조합되든 공감각이 나타날 수 있다. 예컨대 색깔을 가진 숫자나 소리도 있고(4는 언제나 연노란색이라든지 자동차의 경적은 보라색이라든지), 특정 단어가 미각을 느끼게 할 수도 있으며("의자"라고 말할 때마다 시럽 맛이 난다든지), 과거의 연월일을 마치 지도처럼 "눈으로 볼" 수도 있다.

기억이나 사회적 연상(화재경보기 소리가 빨간색을 연상하게 하거나 "팬케이크"라는 단어가 팬케이크의 맛을 떠올리게 하듯이)과는 달리, 특정 감각의 공감각적 경험은 독특하고 끈질기며 반사적으로 나타난다. 연노란색 숫자 4는 10년이 지나도 여전히 연노란색일 것이다.

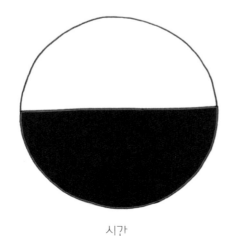

시간

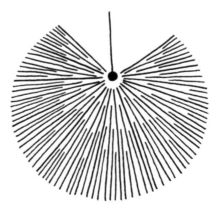

전기적 수용

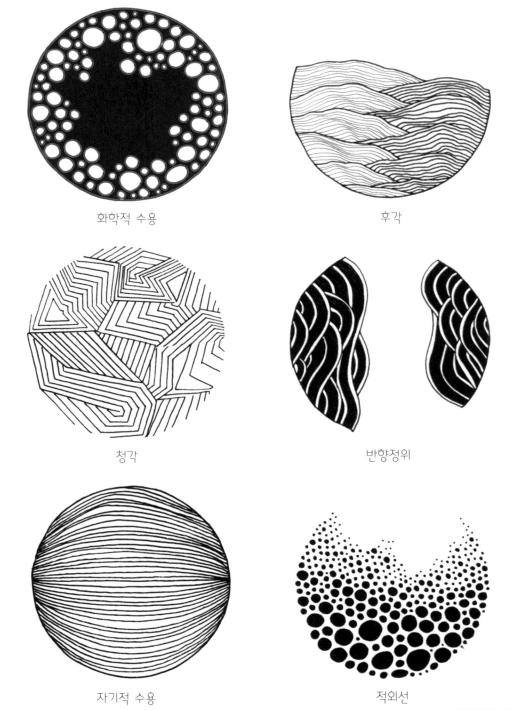

화학적 수용

후각

청각

반향정위

자기적 수용

적외선

소리의 질감

청각의 지형을 시각화하기

강아지가 지나간 카펫

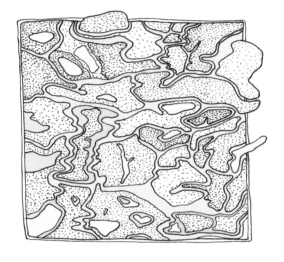

양칫물로 입안 헹구기

조용하지만 끊임없이 철썩거리는
밤의 호수

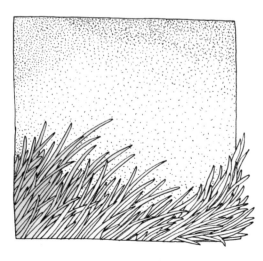

키가 큰 풀의 흔들림

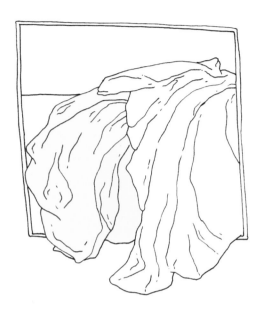

잠에서 깼지만 침대에 그대로 머무르기

강이 흐르는 소리나 바람이 부는 소리, 불꽃이 타오르는 소리처럼 지속적으로 이어지는 소리는 청각의 질감을 가진다. 우리는 이 질감을 잘 알고 친밀하게 느끼고 쉽게 인식하도록 진화했다. 우리의 신경세포는 익숙한 자연의 청각적 자극을 쉽게 감별하는데(이전에 들어본 적 있는 소리들을 기준으로 한다), 여기에는 익숙한 언어로 이야기하는 사람의 말소리가 포함된다. 이러한 소리의 풍경은 흔한 요인에 의해서 변화를 겪기도 한다(예컨대 강물이 흐르는 소리는 높아지거나 빨라질 수 있다). 그럼에도 불구하고 우리는 그 소리를 익숙하다고 인식한다.

소리

그리고 귓속에서 섬세하게 움직이는 털들

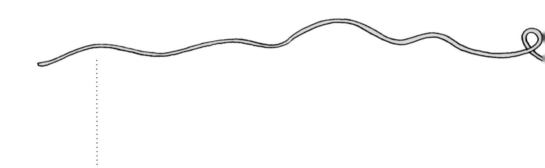

소리가 완전히 나지 않는 환경에서 사람은 자신의 위치를 알지 못한다. 어떤 공간에서 균형을 잡고 자신이 어디에 있는지를 알아내는 능력은 대부분 청각적인 단서에 기초한다. 소리를 듣고 사물을 통해서 자신의 상대적인 위치를 파악하는 것이다.

그러나 지나치게 큰 소음에 노출되면 스트레스 호르몬 수치가 높아지고 면역계의 기능과 집중력이 떨어지며 심지어는 DNA가 손상될 수도 있다.

동물들의 무기
독특한 장점을 가진 대표 선수들

고슴도치의 가시

해파리의
유연한 몸

페럿의 부드러운 털

까마귀의 불길한 울음소리

바퀴벌레의 어디든
침입할 수 있는 능력

펭귄의
뒤뚱거리는 걸음걸이

영어로
'양말 눈(sock-eyes)'이라는
이름을 가진 홍연어

여우원숭이의 얼룩 꼬리

정어리의 반짝이는 비늘

코끼리의 커다란 귀

기린의 긴 목

올빼미의 날카로운 눈

희생당한 동물들에게 바치는 헌사

인류 대신 우주에 가거나 우주에 갈 뻔했던 동물들

초파리
생쥐
치간과 데지크(개)
라이카(개)
고르도(다람쥐원숭이)
마르푸샤(토끼)
청개구리
헥터(쥐)
햄(침팬지)
기니피그
펠리세트(고양이)
기생 벌
거저리류
아메바
몽키스(짧은꼬리원숭이)
균류
거북
보니(짧은꼬리원숭이)
황소개구리
선충
대서양 송사리
아라벨라와 아니타(무당거미)
샐리, 에이미, 모(곰쥐)
대벌레
영원
마다가스카르 휘파람바퀴벌레
달걀
브라인슈림프
일본 청개구리
귀뚜라미
달팽이
잉어
굴복어
성게
해파리
누에
어리호박벌
수확개미
완보동물*
전갈
도마뱀붙이

* 이 동물은 엄청나게 튼튼
하기 때문에 아마 지금도 살
아 있을 것이다.

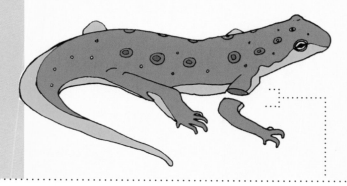

1973년 : 2마리의 거미가
거미줄 치는 실험에 참여하기
위해서 우주로 보내졌다.

1957년 : 러시아의 사랑스러운 우주비행사
강아지 라이카는 지구의 궤도를 돈 최초의
동물이었다. 라이카는 원래 떠돌이 개였다고
한다.

1985년 : 10마리의 영원(도롱뇽류의 동물)이 우주 공간에
서의 재생 능력을 시험하기 위해서 앞다리가 일부 절단
된 채 우주로 쏘아 보내졌다.

1970년 : 멀미에 대한 실험을 하기 위해서 황소개구리 2마리가 우주로 보내졌다. 이후로 여러 마리의 개구리가 더 희생되었는데, 그 이유는 균형을 잡는 내부 체계가 인간과 비슷하기 때문이었다.

1949년 : 붉은털원숭이인 앨버트 1세, 2세, 3세, 4세가 영장류 최초로 우주를 여행했다.

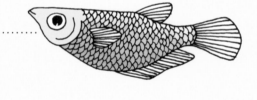

1947년 : 초파리는 최초로 우주를 여행한 생물이다.

2012년 : 짧은 시간 동안의 미세 중력의 효과를 실험하기 위해서 송사리가 우주로 보내졌다. 이 작은 우주비행사는 생김새가 독특하다. 몸이 투명해서 속이 완전히 비치기 때문이다.

이 물고기는 우주에 도착하자마자 얼마 되지 않아서 뼈의 재생 능력을 잃었다. 그뿐만 아니라 원을 그리며 헤엄치는 이상행동을 보였다(아마도 공간지각 능력이 사라졌기 때문일 것이다).

개미

사람보다 훨씬 더 조직적으로 움직이는 곤충

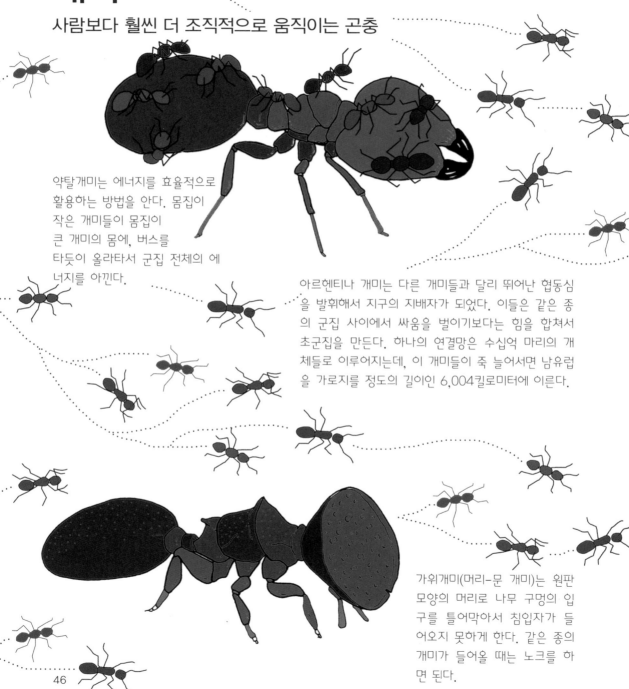

약탈개미는 에너지를 효율적으로 활용하는 방법을 안다. 몸집이 작은 개미들이 몸집이 큰 개미의 몸에, 버스를 타듯이 올라타서 군집 전체의 에너지를 아낀다.

아르헨티나 개미는 다른 개미들과 달리 뛰어난 협동심을 발휘해서 지구의 지배자가 되었다. 이들은 같은 종의 군집 사이에서 싸움을 벌이기보다는 힘을 합쳐서 초군집을 만든다. 하나의 연결망은 수십억 마리의 개체들로 이루어지는데, 이 개미들이 죽 늘어서면 남유럽을 가로지를 정도의 길이인 6,004킬로미터에 이른다.

가위개미(머리-문 개미)는 원판 모양의 머리로 나무 구멍의 입구를 틀어막아서 침입자가 들어오지 못하게 한다. 같은 종의 개미가 들어올 때는 노크를 하면 된다.

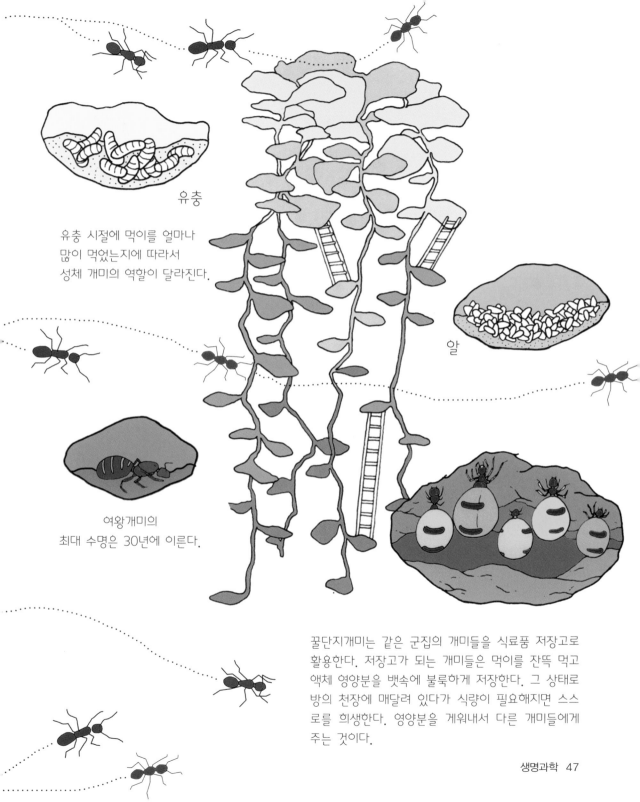

유충

유충 시절에 먹이를 얼마나
많이 먹었는지에 따라서
성체 개미의 역할이 달라진다.

알

여왕개미의
최대 수명은 30년에 이른다.

꿀단지개미는 같은 군집의 개미들을 식료품 저장고로
활용한다. 저장고가 되는 개미들은 먹이를 잔뜩 먹고
액체 영양분을 뱃속에 불룩하게 저장한다. 그 상태로
방의 천장에 매달려 있다가 식량이 필요해지면 스스
로를 희생한다. 영양분을 게워내서 다른 개미들에게
주는 것이다.

주혈흡충

사람을 죽일 수도 있는 살벌하지만 귀여운 커플

주혈흡충은 고도의 적응력을 가진 줄기세포(신성세포라고 불린다) 덕분에 뛰어난 재생 능력을 자랑한다. 이 세포는 손상을 입은 부위로 이동해서 빠르게 분열하여, 어떤 종류의 조직이든 재생시킨다. 이런 자가-수선 체계는 주혈흡충이 숙주의 몸속에서 수십 년을 살 수 있도록 하는 데에 도움을 준다.

주혈흡충은 1마리의 수컷과 1마리의 암컷이 짝을 짓는다. 암컷은 카누 모양의 수컷 몸속에 자리를 잡는다. 암수 짝은 이런 상태로 오랜 세월을 보낸다.

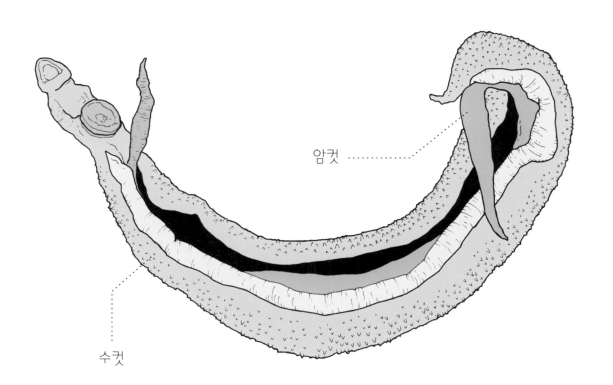

암컷

수컷

바우어새의 둥지 짓기
쓰레기를 모아서 짝짓기 상대에게 구애하기

그레이트 바우어새는 둥지 짓기의 장인이지만
가끔은 말썽을 부리기도 한다. 관찰된 바에
따르면 수컷은 정교하게 둥지를 짓기 위하여
정해진 색깔에 맞추어 여러 물체들을 크기별로
모은다. 이렇게 둥지를 만들면 착시 현상이
일어나서 구애 중인 수컷의 몸집이 더욱
커 보이고 더욱 인상적으로 보인다.
외부의 물체를 활용한 착시 현상으로
짝짓기 상대를 찾는 동물은
바우어새가 유일하다.

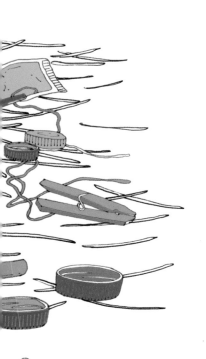

벌거숭이두더지쥐

평범함을 거부하는 별난 동물

1. 벌거숭이두더지쥐는 포유동물 가운데 유일한 변온동물이다. 이 동물의 체온은 주변의 온도에 따라서 바뀌며 땅속에서 같은 종의 다른 개체들과 꼭 붙어서 지낸다.

2. 벌거숭이두더지쥐는 산성 물질에 영향을 받지 않는다. 과학자들이 몸속에 산을 주사했지만 이 동물은 꿈쩍도 하지 않았다. 과학자들은 그 이유를 그들이 고통에 둔감할 뿐만 아니라 몸속의 화학적 환경이 이미 매우 산성이기 때문이라고 추측한다. 산을 주사하는 것만으로는 기별도 가지 않는 셈이다.

3. 벌거숭이두더지쥐는 설치류 가운데 수명이 가장 길다. 이 동물의 최대 수명은 32년에 이르는데, 몸속에서 HSP25라는 특수한 단백질을 생산하기 때문이다. 이 단백질은 질병을 일으킬 수 있는 결함을 가진 다른 단백질을 제거한다. 또한 이 동물은 암에도 잘 걸리지 않는데, 몸속의 당 성분이 세포가 지나치게 많이 자라지 않도록 막고, 종양 덩어리를 이루지 않게 하기 때문이다.

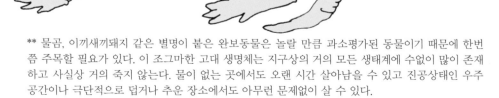

** 물곰, 이끼새끼돼지 같은 별명이 붙은 완보동물은 놀랄 만큼 과소평가된 동물이기 때문에 한번쯤 주목할 필요가 있다. 이 조그마한 고대 생명체는 지구상의 거의 모든 생태계에 수없이 많이 존재하고 사실상 거의 죽지 않는다. 물이 없는 곳에서도 오랜 시간 살아남을 수 있고 진공상태인 우주 공간이나 극단적으로 덥거나 추운 장소에서도 아무런 문제없이 살 수 있다.

4. 지하 땅굴에 벌거숭이두더지쥐 수백 마리가 붙어서 지내다보면 산소가 부족해지기 마련이다. 대부분의 포유동물은 산소 공급량이 5퍼센트밖에 되지 않으면 몇 분 내에 목숨을 잃는다. 반면에 벌거숭이두더지쥐는 이런 산소 결핍(전체의 산소 부족) 상황에서 "가사 상태(suspended animation)"에 들어가기 때문에 최대 5시간까지 살 수 있으며, 이 상태에서 식물처럼 과당을 분해해서 에너지를 얻는다. 따라서 뇌에 손상을 입지 않고도 산소가 적은 환경에서 몸을 회복할 수 있다.

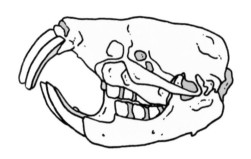

5. 대부분의 설치류(그리고 다른 포유동물들)와는 달리 벌거숭이두더지쥐는 대단히 사회적인 곤충(벌이나 개미 같은)처럼 조직적으로 행동한다. 이 동물은 60–300마리가 하나의 군집을 이루어 복잡한 땅굴 속에서 산다. 이들은 군집 안에서 각자 맡은 역할이 있다. 예컨대 군집에는 다른 개체를 지배하고 재생산하는 역할을 맡은 여왕과 생식력이 있는 몇몇 수컷, 불임인 여러 마리의 일꾼들이 있다. 곤충 군집에서는 여왕이 죽으면 개체들에게 주어지는 먹이를 조절해서 의도적으로 새로운 여왕을 만든다. 반면에 벌거숭이두더지쥐는 여왕이 죽으면(또는 죽임을 당하면) 암컷 여러 마리가 갑자기 생식력을 얻어서 다음 여왕 자리를 놓고 싸움을 벌인다.

6. 벌거숭이두더지쥐의 이빨은 입 밖으로 드러나 있고 대개 입을 꼭 다문 채로 있다. 입을 열지 않는 이유는 땅굴을 팔 때 흙이 입으로 들어갈 수 있기 때문이다.

북아메리카의 올빼미와 부엉이들
어떤 친구들이 살고 있을까?

북부점박이올빼미

축하합니다,
당신은 마법사입니다

칡부엉이

원숭이올빼미

북부참새올빼미

굴올빼미

먼 옛날부터 올빼미에 대한 때로는 장엄하고 때로는 미신적인 설화가 전해져 내려온다. 이들은 밤에만 사냥에 나서고 밝은 노란색 눈으로 날카롭게 쏘아보며 소리 없이 날아다니고 먹이를 통째로 삼킨다. 아메리카 원주민 문화에서 올빼미는 곧 닥칠 죽음을 암시하는 불길한 신호이다. 죽음의 신과 함께 다니거나 죽은 자와 의사소통을 하는 능력이 있다.

올빼미는 동물에게서 흔히 볼 수 없는 고도로 발달된 눈을 가졌다. 올빼미의 눈은 둥그런 구(sphere)보다는 관(tube) 모양이고, 뼈 구조상 눈이 제자리에 고정되어 있다. 이런 구조 때문에 올빼미는 눈을 굴리거나 움직일 수 없으며, 직선상에 있는 물체가 아닌 경우 그 물체를 보기 위해서 머리 전체를 움직여야 한다. 다행히 자연은 그들의 고개가 270도까지 돌아가도록 설계했다. 이뿐만 아니라 순환계의 특별한 메커니즘 덕분에 이렇게 고개를 엄청나게 많이 움직여도, 뇌로 가는 혈액의 흐름이 방해받는 일은 없다. 또한 올빼미는 영구적으로 멀리 볼 수 있는 눈을 가지고 있는데, 이는 거리가 많이 떨어져 있는 작은 먹잇감을 사냥하는 데에 도움이 된다.

수리부엉이

서부가면올빼미

비둘기

비둘기에게도 괜찮은 능력이 있다

비둘기는 수천 킬로미터 떨어진 먼 곳에서도 자기 집을 찾아올 만큼 훌륭한 자연적 GPS 시스템을 갖추고 있다. 오랜 옛날부터 사람들은 비둘기를 활용해서 편지를 배달하거나 전쟁터에서 소식을 전했다. 이뿐만 아니라 비둘기에게는 땅에 떨어진 조그마한 빵 조각도 발견해내는 놀라운 능력이 있다.

과학자들은 비둘기가(그리고 철에 따라서 이주하는 다른 여러 동물들이) 어떻게 이렇게 방향을 잘 찾는지에 대한 몇 가지 이론들을 세웠다.

자기적 수용 : 지구의 자기장을 신체 내부의 나침반처럼 활용한다
후각 내비게이션 : 주변 환경의 냄새를 안내 지도처럼 활용한다
초저주파 파동 : 주파수가 극히 낮은 파동을 이용해서 음향 지도를 만든다
태양의 위치 : 말 그대로 태양을 활용한다

20도 정도의
화창한 날씨를 좋아해요

발효한 빵 반죽만 먹는 편식쟁이

열쇠를
찾지 못하는 친구

쓰레기통 뒤지기
선수

의견이 강하지 않은 편

내성적인 성격의
소유자

채식주의자

비밀 가족이 있어요

전선에 앉지 않는 아이

그림 2. 셰르 아미

셰르 아미는 제1차 세계대전 때 활약했던 비둘기이다.
40킬로미터를 날아가서 소식을 전했고 그 결과 194명의 군인을
구할 수 있었다. 그러나 그 과정에서 총에 맞아서 한쪽 눈과
한쪽 다리를 잃었다. 위생병들이 이 비둘기를 치료했고 나무로 만든
작은 다리를 만들어주었다.

눈에 띄는 이빨

그리고 신체의 별난 돌출부들

나선형으로 곧게 쭉 뻗은 이빨을 가진 동물은 일각돌고래뿐이라고 알려져 있다. 왼쪽 이빨(항상 왼쪽 이빨이다)이 입술을 비집고 나와서 마치 뿔처럼 3미터 길이로 곧게 뻗어 있다. 수컷은 이런 엄니를 적어도 1개는 가지고 있지만(드물게는 엄니가 2개인 개체도 있다) 암컷들 중에는 약 15퍼센트만이 엄니가 있다. 표면이 법랑질 층으로 단단하게 보호되는 대부분의 다른 이빨들과는 달리 엄니는 겉은 부드럽고 안은 단단하다. 엄니는 감각기관과 비슷한 기능을 해서 염도나 수압, 온도의 변화를 감지할 수 있다. 주로 수컷이 엄니를 가지고 있다는 점을 생각하면, 이 이빨은 생존에 필수적인 것이 아니라 아마도 짝짓기를 하거나 구애를 하는 행동과 관련이 있을 것이다.

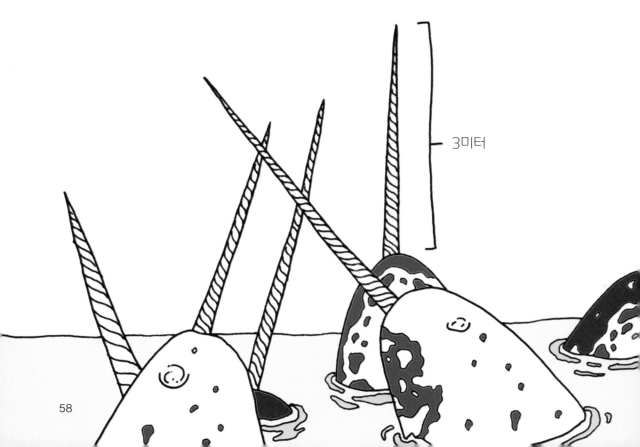

3미터

"두툼한 이빨을 가진"
범고래붙이

돌고래의 이빨은
나무의 나이테처럼 여러 개의
층으로 되어 있다. 그래서 층의
개수를 세면 돌고래의 나이를
알 수 있다.

멸종한 양서류인
미치류 이빨("미로처럼
생긴 이빨")의 단면도

2억5,000만 년 전에 멸종한
원시 상어인 헬리코프리온의
이빨은 "나선 톱" 모양이다.
지구 역사상 360도로 돌아가는
회전 톱 같은 이빨을 가진 동물은
헬리코프리온이 유일하다.

균류

창조자인 동시에 파괴자

새 둥지를 닮은 찻잔버섯

균류는 거의 모든 생물군계에서 발견되는
적응력 높은 분해자이다.

칠면조 꼬리를 닮은 구름버섯

　균류는 단순한 당류에서부터 동물의 발굽,
심지어는 방사선에 이르기까지 여러 물질들과
화학 성분들을 분해하도록 진화했다. 균류는 이런
원재료를 에너지 원으로 변환하는 효소를 분비한다.
이는 흙을 비옥하게 만들기 때문에 균류가 성장과
분해의 순환을 계속할 수 있다.

약 200종에 이르는 균류는 동물의 사체에서
영양을 얻는 대신, 더 사악한 방식을 사용한다.
작은 벌레인 선충을 죽여서 먹는 것이다.
먼저, 먹잇감인 선충을 끈끈이 혹은
함정을 이용하여 가둔 다음, 독으로
움직이지 못하게 하거나 선충의 알을
감염시킨다. 그리고 자기가 내킬 때에 천천히
산 채로 잡아먹는다. 선충과 균류 사이의
이런 관계는 주변 생태계를 생각했을 때 서로에게
이득이 된다. 균류 덕분에 선충의 개체 수가
일정하게 유지되기 때문이다.

독버섯이라고도 불리는 대버섯

불사조 버섯이라는 별명을 가진 산느타리

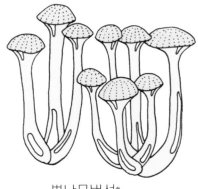

뽕나무버섯*

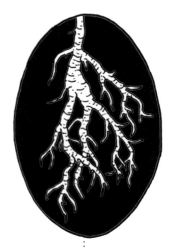

균근 공생 : 90퍼센트 이상의 식물은 균근과 협력하는 공생 관계를 맺는다. 균근은 식물의 뿌리에 자라는 균류이다. 균근은 **엄청나게** 가는 균사를 가지고 있기 때문에 식물의 뿌리에 비해서 표면적이 훨씬 넓고, 따라서 주변 흙에서 물과 영양분을 더욱 잘 흡수할 수 있다.

　　숲은 영양분을 서로 교환하는 대규모의 네트워크를 땅 밑에 가지고 있는 셈이다.

* 지구상에서 가장 큰 유기체는 뽕나무버섯 이다. 균사체(땅속에 있는 균류의 일부)가 차 지하는 면적이 9.7제곱킬로미터에 이르기 때 문이다. 이 균류는 나이가 2,000살이다.

고사리

부끄러움 많은 숲속의 식물

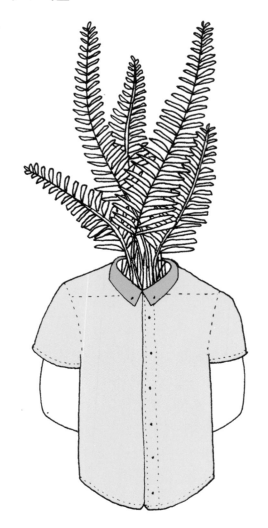

그림 3 : 고사리의 성격

고사리는 마치 내성적인 사람 같다.
숲속의 어둡고 조용한 곳을 좋아하기 때문이다.

다양한 고사리 엽상체

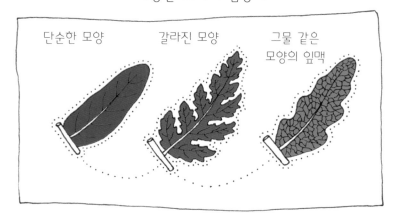

단순한 모양　　갈라진 모양　　그물 같은 모양의 잎맥

고사리의 친구들

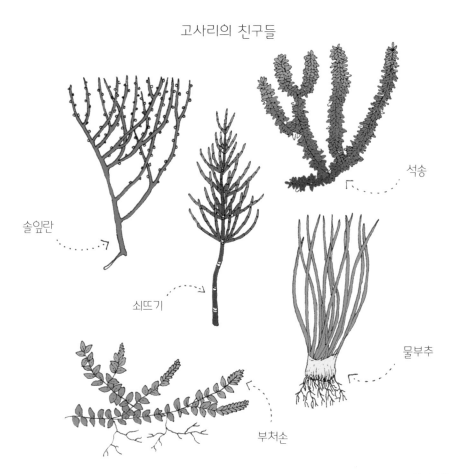

솔잎란

쇠뜨기

석송

물부추

부처손

크고 아름다운 꽃들
그러나 썩은 고기 냄새를 풍기는 꽃들

식물 종들 가운데 상당수는 썩은 고기 맛(그리고 냄새)을 좋아하는 꽃가루 매개자들을 끌어들이기 위해서 창의적인 전략을 발달시켰다. 이 냄새를 흉내 내면, 송장벌레, 쉬파리, 나방을 비롯해서 썩은 고기로 파티를 벌일 작정으로 찾아온 여러 곤충들이 식물에 꼬인다. 이 곤충들은 비록 만족스러운 식사를 하지는 못하지만 그들도 모르는 사이에 식물을 위해서 꽃가루를 옮기는 매개자가 된다. 개미나 다람쥐, 코끼리(지독한 냄새를 풍기는 고기를 유난히 신경 쓰지 않는다)와 같은 동물들 또한 자기 발로 이 식물의 씨앗을 퍼뜨린다.

폭은 91.4센티미터,
무게 6.8-11.3킬로그램

자이언트 라플레시아
별명은 시체백합

서식지 : 인도네시아, 수마트라 섬

가장 유명한 기술 : 기생하기. 이 꽃(한 송이의 크기가 지구상에서 가장 크다)은 뿌리의 갈래도, 엽록소도, 잎이나 줄기도 없다. 그 대신 덩굴식물의 목질 줄기 속에서 자라, 숙주의 몸에서 물과 영양분을 빨아먹는다.

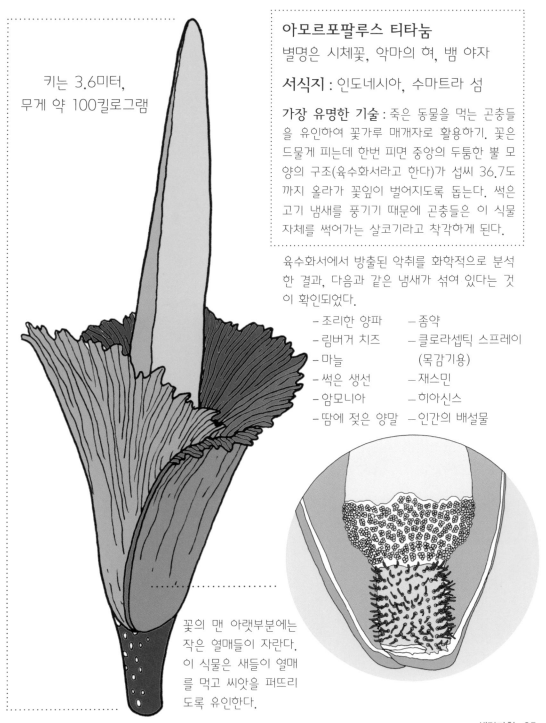

키는 3.6미터,
무게 약 100킬로그램

아모르포팔루스 티타눔

별명은 시체꽃, 악마의 혀, 뱀 야자

서식지 : 인도네시아, 수마트라 섬

가장 유명한 기술 : 죽은 동물을 먹는 곤충들을 유인하여 꽃가루 매개자로 활용하기. 꽃은 드물게 피는데 한번 피면 중앙의 두툼한 뿔 모양의 구조(육수화서라고 한다)가 섭씨 36.7도까지 올라가 꽃잎이 벌어지도록 돕는다. 썩은 고기 냄새를 풍기기 때문에 곤충들은 이 식물 자체를 썩어가는 살코기라고 착각하게 된다.

육수화서에서 방출된 악취를 화학적으로 분석한 결과, 다음과 같은 냄새가 섞여 있다는 것이 확인되었다.

– 조리한 양파   – 종약
– 림버거 치즈   – 클로라셉틱 스프레이
– 마늘   (목감기용)
– 썩은 생선   – 재스민
– 암모니아   – 히아신스
– 땀에 젖은 양말 – 인간의 배설물

꽃의 맨 아랫부분에는 작은 열매들이 자란다. 이 식물은 새들이 열매를 먹고 씨앗을 퍼뜨리도록 유인한다.

바이러스
생물과 무생물의 사이

바이러스란 무엇일까? 바이러스는 살아 있을까, 살아 있지 않을까?
바이러스가 처음 발견된 1892년부터 이 질문에 대한 논쟁은
끊이지 않았다. 비록 바이러스는 살아 있는 유기체의
여러 가지 특징들(유전형질의 존재, 재생산 능력,
자연선택이 이루어지는 대상)을 가지고 있기는
하지만 그렇지 않은 경우도 있다. 예컨대
바이러스는 세포벽이 없고 영양분을 에너지로
전환하지 못하며, 생존하고 재생산하기
위해서는 숙주가 필요하다.
　　상당수의 바이러스들은 숙주의 몸속에서
자기를 위장하는 능력을 갖추고 있다. 그래야 숙주의 면역계 요원들에게 감지되
지 않기 때문이다. 바이러스가 자기를 숨기는 방식은 여러 가지인데, 숙주세포를
모방하기도 하고 숙주의 세포막 안으로 접혀 들어가기도 한다.

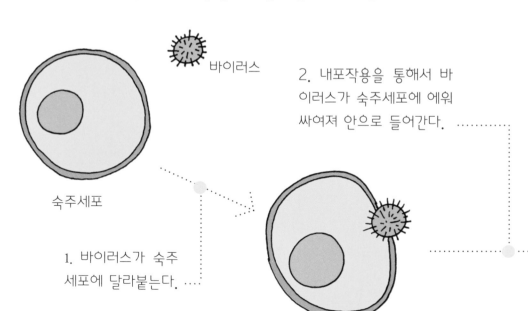

바이러스

숙주세포

1. 바이러스가 숙주
세포에 달라붙는다.

2. 내포작용을 통해서 바
이러스가 숙주세포에 에워
싸여져 안으로 들어간다.

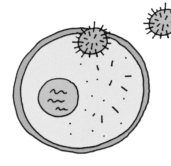

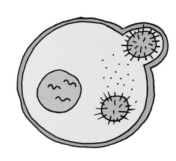

4. 바이러스는 숙주의 RNA(또는 DNA) 복제 체계를 이용해서 자기를 복제한다. 이 과정에서 숙주세포는 죽지 않고 계속해서 바이러스를 재생산한다.

3. 바이러스가 숙주세포의 핵 속으로 자기의 RNA를 들여보낸다.

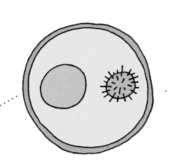

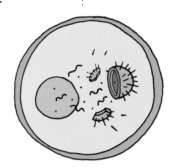

효모, 아메바, 프라이온, 그리고 광견병

별나게 죽는 4가지 방법

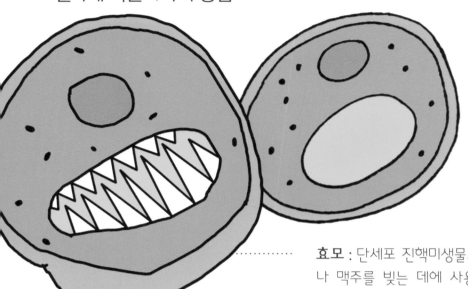

효모 : 단세포 진핵미생물로, 빵을 만들거나 맥주를 빚는 데에 사용되어 오랫동안 인류와 친밀한 관계를 유지해온 균류이다. 그러나 이들 중 약제내성을 가진 칸디다 진균은 여러분을 죽음에 이르게 할 수 있다.

아메바 : 단세포 진핵생물로, 모양이 바뀌면서 움직인다. 민물에서 서식하는 종이자 "뇌를 먹는 아메바"라는 별명을 가진 파울러 자유아메바는 코를 통해서 사람의 몸속에 들어가 말 그대로 뇌를 파먹는다. 그러니 이번 여름에 호수에서 수영을 할 계획이라면 코를 꼭 막아라 (농담이 아니라 미국 질병통제센터에서도 실제로 똑같은 조언을 한다).

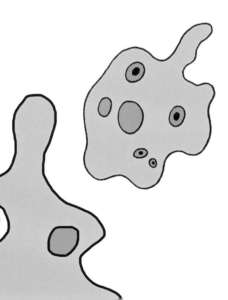

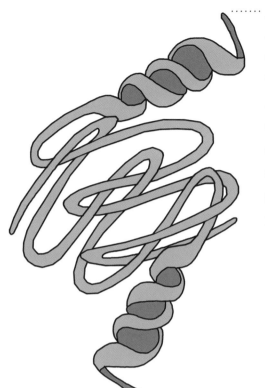

프라이온 : 세포 속 단백질 중의 하나이다. 우리 몸속의 모든 세포는 세포막 속에 단백질을 가지고 있는데, 유기체가 프라이온에 감염되면(예컨대 소가 "광우병"에 걸리면) 단백질 하나가 제대로 기능을 하지 않고 접혀서 주변 단백질에 도미노 효과를 일으킨다. 그 시작은 유전적인 것일 수도, 무작위적인 현상일 수도 있다. 유전적인 프라이온성 질환의 한 예는 치명적인 가족성 불면증이다. 이 병에 걸리면 신체가 더 이상 잠들지 못하고 그 결과 환각과 치매, 죽음으로 이어진다.

광견병 : 너구리와 개, 박쥐를 감염시키기로 악명 높은 이 바이러스에 사람이 감염되면 더 기이한 증상을 일으킨다. 사람이 광견병에 걸린 동물에게 물리면, 물린 자리를 통해서 이 바이러스에 감염된다. 광견병 바이러스는 몸의 신경을 타고 올라가서(소름 끼치게도) 뇌에 다다른다. 일단 바이러스가 뇌에 도달하면 환자는 일련의 증상을 겪는데, 이 증상들은 병이 계속 퍼지도록 교묘하게 진화된 결과이다. 감염된 환자는 침을 삼킬 수 없고 물을 극도로 무서워하게 되며, 따라서 침(광견병 바이러스가 담긴)이 입안에 계속 남아 있게 된다. 여기에 더해서 목마름이 심해지고 분노가 치밀면서 환자는 또다른 동물을 깨물어서 감염을 퍼뜨리고 싶다는 충동을 느끼게 된다.

내가 지금 허깨비를 보는 것일까?

아니면 무엇인가에 천천히 중독되고 있는 것일까?

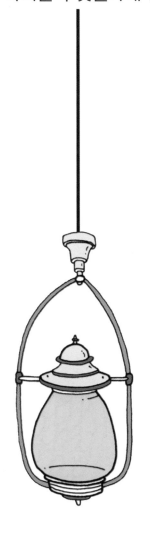

유령을 만났다는 몇몇 사례는 일산화탄소 중독 때문이다.*

일산화탄소가 누출되면(가스램프가 발명된 이후로 이런 일이 종종 일어났다) 무색무취의 기체가 혈액 속 헤모글로빈과 결합한다. 그러면 혈액이 뇌를 비롯한 신체 여러 곳에 산소를 전달할 수 없게 된다. 또한 일산화탄소는 가슴에 통증을 일으킬 수 있고 환청과 깊은 두려움을 불러일으키기도 한다.

* 그러나 저자는 이런 과학적 데이터에도 굴하지 않고
  여전히 유령의 존재를 믿으며 유령을 무서워한다.

지구과학

지구와 지구를 둘러싼 대기의 물리적인 조성을 연구하는 분야

지질학
지구물리학
빙하학
기상학
해양학

무한이란

별의 수가 많을까, 모래알의 수가 많을까?

물 한 숟가락(16밀리리터)에 들어 있는
분자의 수 : 600,000,000,000,000,
000,000,000개

이것은
아래의 숫자보다
120배 더 많다.

사람이 관찰할 수 있는, 우주에 존재하는
별의 수 : 1,000,000,000,000,000,000,000개

이것은
아래의 숫자보다
130배 더 많다.

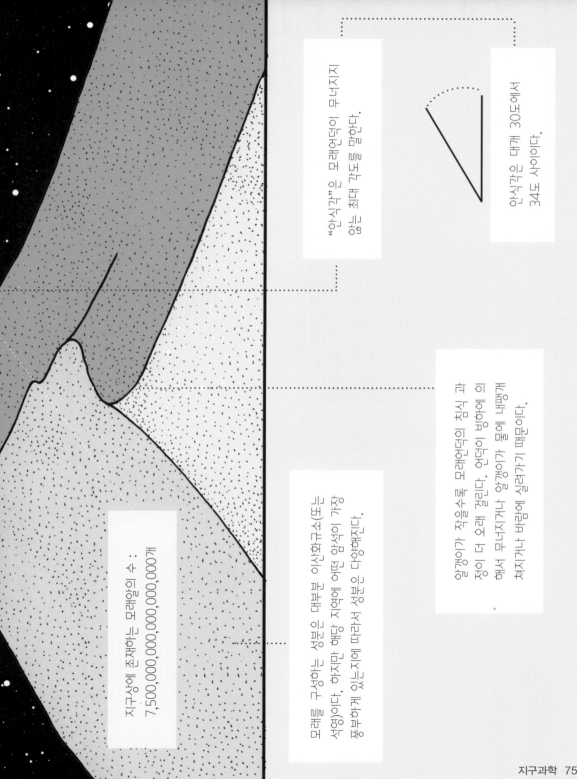

"안식각"은 모래언덕이 무너지지 않는 최대 각도를 말한다.

안식각은 대개 30도에서 34도 사이이다.

알갱이가 작을수록 모래언덕의 정상과 정이 더 오래 걸린다. 언덕의 바닥에 이 애서 무너지거나 알갱이가 물에 씻겨서 처지거나 바람에 실려가기 때문이다.

지구상에 존재하는 모래알의 수 : 7,500,000,000,000,000,000개

모래를 구성하는 성분은 대부분 이산화규소(또는 석영)이다. 하지만 해당 지역에 어떤 암석이 가장 풍부하게 있는지에 따라서 성분은 다양해진다.

광합성

햇빛으로 영양분 만들기

녹색식물, 조류, 세균은 동물과 아름답게 균형 잡힌
교환을 한다. 산소와 이산화탄소를 주고받는 과정은
생명체에 꼭 필요하다.

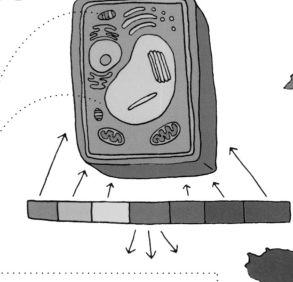

엽록체 : 식물세포 속에서 일어나는 화
학반응의 중심으로 꼽힌다. 엽록체 속
에는 주머니처럼 생긴 틸라코이드가 있
는데, 여기에는 광합성 과정을 위한 핵
심적인 화학물질이 존재한다.

엽록소 : 엽록체 안에 있는 색소로, 초록
색을 제외한 빛의 모든 파장을 흡수한
다. 식물이 초록색으로 보이는 것은 엽록
소의 이런 기능 때문이다.

광합성의 첫 번째 단계에서는 햇빛이 필요하다. 태양 에너지(빛)가 엽록체 내부의 전자와 상호작용을 하면 일련의 화학반응이 시작되는데, 그 결과 아데노신 삼인산(ATP)과 니코틴아미드 아데닌 디뉴클레오타이드 인산(NADPH)이 만들어진다. 이 과정에서 물 분자(H_2O)가 분해되어, 호흡을 하는 생명체에게 가장 유용한 분자인 산소를 내보낸다.

물 분자에서 산소가 다 빠져나오면(산소는 이제 대기 중에 있다), 식물은 수소의 도움으로 이산화탄소(CO_2)를 흡수한다. 탄소 고정이라고 불리는 이 과정은 지구온난화를 막는 데에 무척 중요하다. 지구온난화는 이산화탄소가 지나치게 많아져서 발생하기 때문이다.

다양하게 생긴 잎들

나뭇잎에서는 어떤 일이 벌어질까?

나뭇잎의 모양이 서로 다른 것은 지구의 환경에 섬세하게 적응한 결과이다. 햇빛을 최대한으로 모으면서 가장 많은 에너지를 보존하려는 것이다.

어두운 색 잎은 밝은 색 잎보다 빛 에너지를 더 많이 흡수한다.

밝은 색 잎은 여분의 빛을 반사해서 잎의 온도가 지나치게 높아지지 않게 한다.

표면이 거친 잎은 매끄러운 잎에 비해서 표면적이 넓다. 그 결과 잎에서 더 많은 물이 증발되어 나무를 시원하게 하는 데에 도움을 준다.

나무 꼭대기 근처의 활엽은 크기가 작고 색이 연하며 둥근 돌출부(가장자리가 물결 모양이다)가 많다. 따라서 열이 많이 발산되며, 더 낮은 곳에 있고 크고 둥근 돌출부가 적은 잎에까지 빛이 도달할 수 있다. 이 둥근 돌출부는 증발(또는 증발산)이 일어나는 지점을 더 많이 제공하여 열을 발산한다.

침엽은 활엽에 비해서 표면적이 작고 색도 더 진하다. 그러나 침엽을 가진 나무는 (1년 내내) 잎이 떨어지지 않는 상록수여서 에너지를 절약할 수 있다. 매년 모든 잎들을 처음부터 다시 자라게 하는, 에너지가 많이 드는 과정을 피하기 때문이다.

침엽

활엽

나무의 성장법

나무가 공기를 먹고 자랐다고?

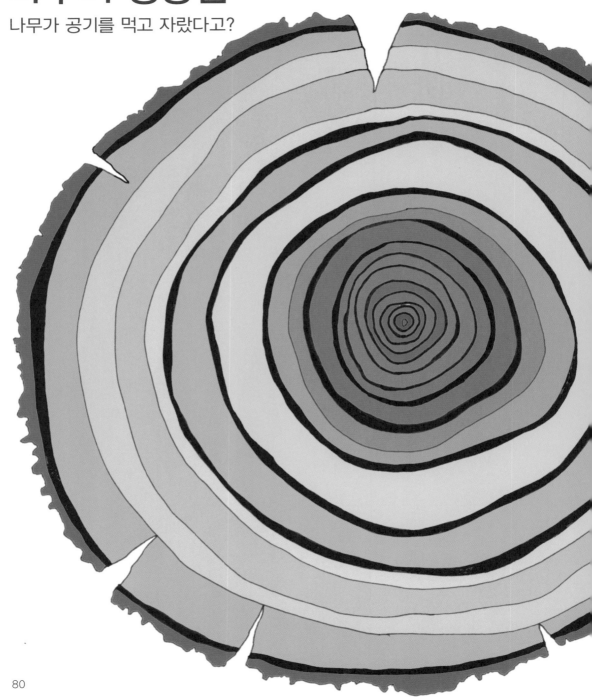

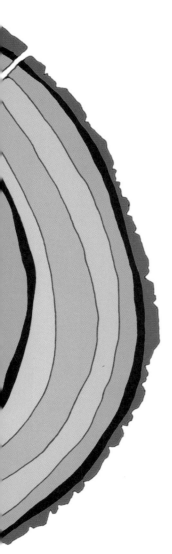

사고실험 하나

세계에서 가장 큰, 살아 있는 유기체인 미국 삼나무를 상상해보자. 이 나무의 엄청난 몸집은 어디에서 왔을까? 여러분은 나무가 그 근처 땅에서 자라났으니 그 땅 밑의 흙과 물의 도움을 받았을 것이라고 무의식적으로 추측했을지도 모른다. 그것이 아니라면 대체 어디에서 왔다는 말인가?

정답은 공기이다.

잠깐만, 뭐라고?

공기에서 왔다.

미국 삼나무를 이루는 물질은 (대부분) 공기에서 왔다. 그야말로 허공에서 나타난 셈이다. 나무와 식물의 주된 성분은 탄소인데, 이 원소는 이산화탄소 형태로 대기에서 흡수된다. 이산화탄소가 일단 나무의 잎 속으로 들어가면 햇빛과 반응하여 부산물로 산소(우리가 호흡하는 기체)를 방출하고, 그 과정에서 탄소를 구성 요소로 저장한다.

물과 에너지에 관한 문제에서 태양과 비, 안개, 대기 중의 수분은 미국 삼나무가 소비하는 거의 모든 물을 제공한다. 이 나무는 안개가 많은 기후에서 바늘 모양의 침엽으로 수분을 흡수하도록 잘 적응되었다. 또 햇빛으로 광합성을 해서 포도당을 생산하여 양분을 얻는다.

이처럼 나무는 흙에서 소량의 양분과 약간의 물을 얻지만, 크기와 무게는 주변 대기 환경의 원소들을 기반으로 한다.

참고 사항 : 이것은 많은 식물들에게 적용되는 사실이다. 미국 삼나무는 그 가운데 특별히 인상적인 하나의 사례일 뿐이다.

여러 가지 지형들
지구상 가장 높은 곳에 고원이 있다

고원이란 여러 지질학적인 과정들 중 하나에 의해서 형성되는, 꼭대기가 편평한(또는 거의 편평한) 높은 지형으로, 빙하의 운동, 화산에서 분출된 용암의 흐름, 바람이나 비로 인한 침식에 의해서 만들어진다.

그중에서도 면적이 약 250만 제곱킬로미터에 달하는 지구상에서 가장 넓은 티베트 고원은 "세계의 지붕", "제3의 극지"라는 적절한 별명을 가졌다. 이 고원은 전 세계에서 가장 어리고 가장 높은 히말라야 산맥에 둘러싸여 있다.

(참고로 북아메리카 대륙에 자리한 미국의 면적은 약 983만 제곱킬로미터이다.)

이 고원은 매우 높은 곳(해발고도 약 4,800미터)에 있어서 엄청나게 많은 빙하들(약 3만7,000여 개)을 볼 수 있다. 빙하는 주변 지역에 신선한 민물을 공급한다. 그러나 기후가 변화하면서 빙하가 형성되는 속도보다 녹는 속도가 더 빨라지기 시작했다. 이런 현상이 계속될 경우 20억이 넘는 인구에게 공급할 물이 부족해질 수 있다.

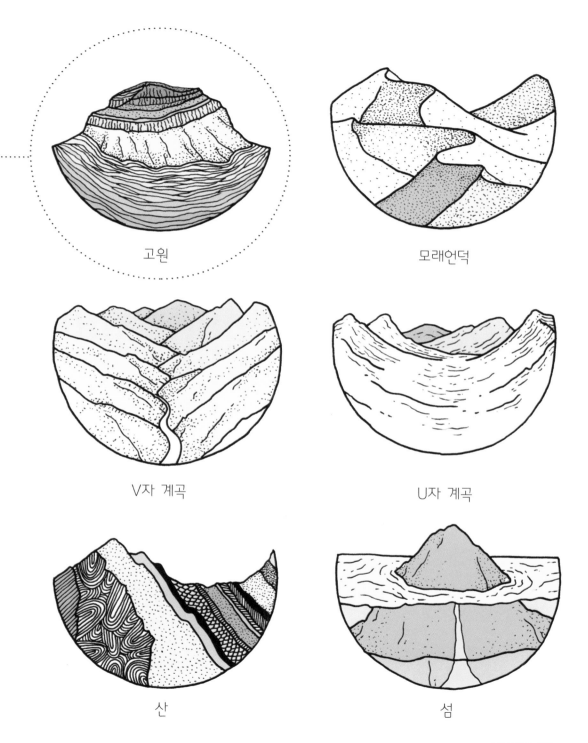

고원

모래언덕

V자 계곡

U자 계곡

산

섬

빙하작용

초코바로 알아보는 빙하의 구조

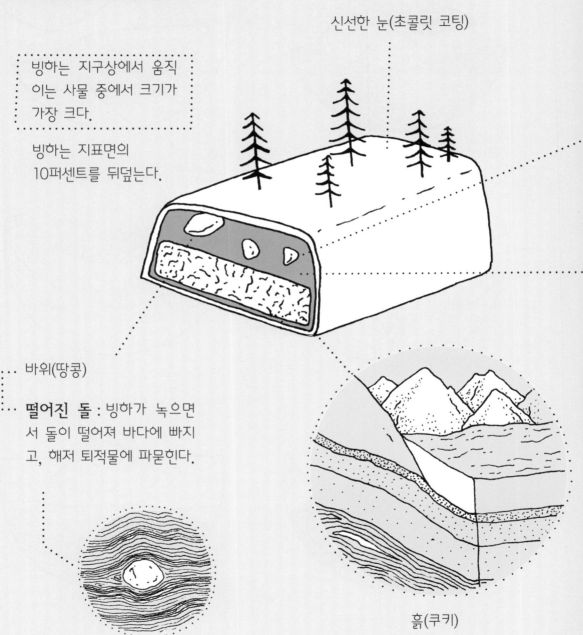

신선한 눈(초콜릿 코팅)

빙하는 지구상에서 움직이는 사물 중에서 크기가 가장 크다.

빙하는 지표면의 10퍼센트를 뒤덮는다.

바위(땅콩)

떨어진 돌 : 빙하가 녹으면서 돌이 떨어져 바다에 빠지고, 해저 퇴적물에 파묻힌다.

흙(쿠키)

표석 : 빙하가 녹아서 미끄러지면서 원래 있던 자리에서 떨어져 나와 옮겨진 바위 조각들이다.

캐나다 앨버타 주, 빅 록

1만7,000톤

돌멩이들

남극의 빙하는 무척 무거워서 지구의 표면을 짓눌러 으깬다.

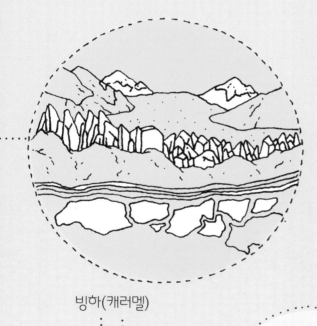

빙하(캐러멜)

남극의 램버트 빙하는 길이가 434킬로미터에 이른다.

빙하를 의미하는 'iceberg'라는 단어는 독일어로 "얼음 산"을 뜻한다.

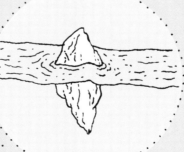

데스밸리의
미끄러지듯이 움직이는 바위들

미국 캘리포니아 주의 데스밸리 국립공원 플라야 지대(사막의 오목한 저지대)의 경주로에는 무게가 최대 270킬로그램에 이르는 큰 바위들이 있다. 이 바위들은 사막의 평원을 가로질러서 움직이며, 그 과정에서 끌린 흔적을 갈라진 땅 위에 만든다.

그러나 이 바위들이 어떻게 해서 움직이는지는 최근까지도 완전히 수수께끼로 남아 있었다.

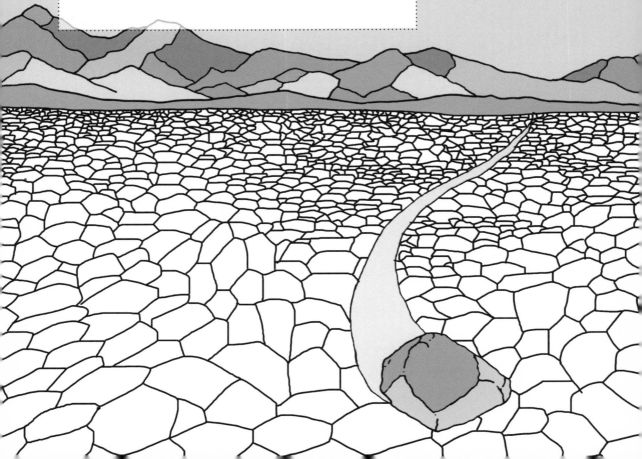

바위를 움직이기 위해서는 완벽한 (그리고 드문)
기후 조건이 갖추어져야 한다.

준비물

1. 충분한 양의 물이 플라야 지대를 채워야 한다.
단 바위를 완전히 뒤덮을 만큼의 양은 아니어야
한다. 이 지역은 엄청나게 건조하기 때문에 물이
플라야 지대를 채우는 경우는 드물다.

2. "창유리" 같은 얼음이 생길 만큼(플라야 지대
위로 매우 얇은 얼음장이 떠오를 만큼) 밤 기온이
낮아야 한다. 그러나 두꺼운 얼음장이 얼 정도로
온도가 너무 낮으면 안 된다.

3. 낮 동안에 가벼운 바람이 불어야 한다.

이런 여러 가지 조건들이 딱 맞게 충족되면 얼음
이 갈라지기에 충분할 정도로 녹는다. 그러면 바
람이 불면서 부드러워진 진흙을 사이에 두고 바위
가 움직인다.

동굴
어둠 속에서 모습을 드러낸 동굴의 모습

석주(석순과 종유석
이 만나서 생김)

구름 모양으로 침적된 생성물

동굴은 일반적으로 석회석이나
돌로마이트처럼 칼슘이 풍부한 바위의
틈새에 빗물이 흘러들면서 형성된다.
물과 이산화탄소가 화학반응을
일으켜서 생성된 탄산이 주변의
바위를 용해시킨다.

선반석(붕석)

욕조

석순

종유석

석회석은 물에 용해되어 동굴 천장에서 떨어지면서 스펠레오뎀이라는 동굴 퇴적물을 형성한다. 이때 물이 증발하면 석회석 형성물이 남는다. 물이 흐르는 방식에 따라서 여러 유형의 형성물이 생긴다.

멕시코 크리스털 동굴 속의 아셀레늄산 결정체는 최대 12미터 길이까지 자란다.

곡석

스플라터마이트

피토카르스트

산

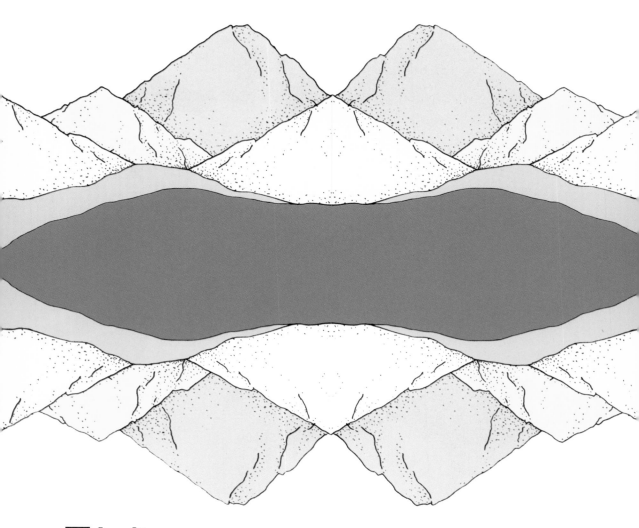

산메아리

해저에서부터 1,000미터 이상의 높이로 솟아 있지만, 꼭대기가 바닷물 표면에 닿지 않는 바닷속 산을 해저산(해산)이라고 한다. 지금까지 기록되어 있는 해저산은 9,951개이다. 이 지질학적 구조물은 화산활동에 의해서 만들어지며 생물학적으로 활기가 넘치는 곳이다. 해저산은 해저에서 튀어나온 커다란 돌출부이기 때문에 바닷물의 흐름에 지장을 주며 영양분이 해수면으로 솟아오르게 한다. 이런 작용이 없었다면 깊은 바닷물은 산소가 모자란 채로 정체되었을 것이다. 또한 이곳은 산호가 많이 살아서 크고 작은 생물들의 서식지인 동시에 식량원이 되기도 한다. 해저산에서 물속 산사태가 일어나면 쓰나미가 발생할 수도 있다.

자성 줄무늬

바닷속 대양저에 만들어진 무늬

먼저, 자석이란 무엇이고 자석은 지구에 어떤 영향을 줄까?

자석은 자기 주변에 장을 형성하는 물질(철을 풍부하게 함유한)로 또다른 철 성분을 끌어들인다. 지구의 중심에는 철이 있는데 여기에서 형성된 자기장은 무척 커서 태양풍과 맞닿을 정도이다.

이때 지구 중심부의 녹아 있는 철이 자기장을 결정하기 때문에 자기장의 방향은 고정되지 않는다. 이 말은 시간이 흘러도 자석의 북쪽이 언제나 같은 장소나 방향을 가리키는 것이 아니라는 뜻이다.

일반적으로 지구 자기장의 이동은 점진적으로 나타나지만 종종(수십만 년이라는 지리학적인 시간 단위에서) 자석의 극은 갑자기 위치를 바꾼다. 현재 지리학적인 북극은 자기장의 남쪽 끝에 있다.

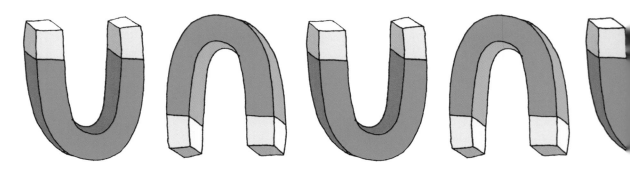

그렇다면 이것이 대양저와 무슨 관계가 있을까?

　대양저는 시간의 흐름에 따라서 자석의 극이 위치를 바꾸는 모습을 지리학적으로 기록한다. 판이 서로 만나는 바닷속 영역에서는 마그마가 지각 아래에서부터 분출되는데 여기에는 무척 많은 철이 들어 있다. 암석이 녹아서 만들어진 마그마가 식으면 그 속의 철은 자석의 극 방향으로 굳는다.

　이런 장소의 대양저에서는 철이 함유된 바위의 줄무늬를 통해서 자기적 방향의 변화가 드러난다.

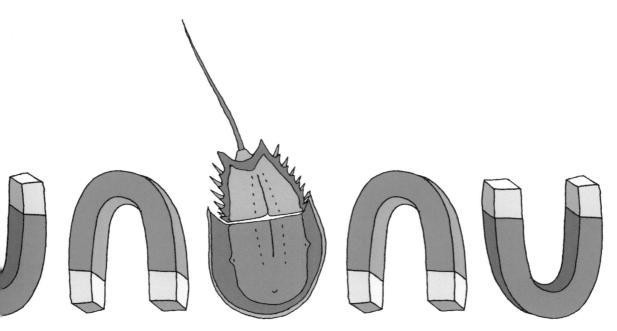

밀물과 썰물

여러분의 상상보다 훨씬 더 많은 물을 밀고 당긴다*

대조(밀물이 가장 높은 때)

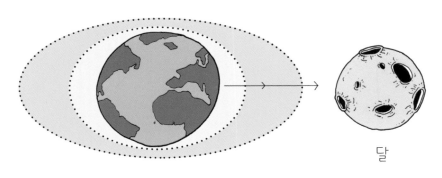

달

태양과 달의 만유인력에 의해서
인력이 각각 일직선으로 나란해지면
조수가 더욱 심해져서 대조(大潮)가 형성된다.

* 지구에 존재하는 물의 부피는 대략 1.38×10^{21}리터이다.

달과 태양의 인력이 각기 다른 방향으로 작용하면 대양을 끌어당기는 힘이 약해지는데, 이것을 소조(小潮)라고 한다.

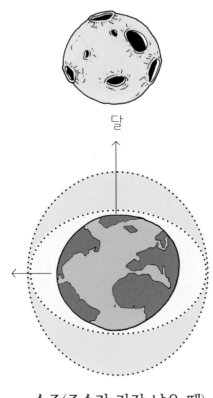

달

태양

소조(조수가 가장 낮은 때)

지구의 물을 끌어당기는 만유인력은
태양보다 달이 훨씬 더 세다.

쓰나미
무서운 파도

쓰나미는 바닷속에서 지진이 일어나면서
생긴다. 해저의 판을 옮기는 힘에 의해
서 지진이 일어난 위쪽의 바닷물에 엄청
난 양의 에너지가 옮겨진다.

고요함

쓰나미의 파도는 높이가 해수면 위로
최대 30미터에까지 달할 수 있다

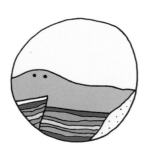   

바닷속에서 지진 발생 쓰나미

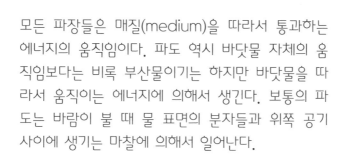

모든 파장들은 매질(medium)을 따라서 통과하는 에너지의 움직임이다. 파도 역시 바닷물 자체의 움직임보다는 비록 부산물이기는 하지만 바닷물을 따라서 움직이는 에너지에 의해서 생긴다. 보통의 파도는 바람이 불 때 물 표면의 분자들과 위쪽 공기 사이에 생기는 마찰에 의해서 일어난다.

최대 시속 805킬로미터

고래의 시체에 생기는 일

고래의 죽음이 만든 하나의 생태계

생태계 : 상호작용하는 유기체들과 그들 근처의 물리적인
환경으로 구성된 생물학적 공동체를 말한다.

생태계는 규모와 구성원 측면에서 놀랄 만큼 다양하다. 작은 규모에서
말하면 여러분의 몸도 하나의 생태계이며, 엄청나게 많은 작은 유기체
들이 하나의 전체 시스템(여러분)이 기능할 수 있도록 일을 한다. 큰 규
모에서 말하면 아마존의 열대우림 전체도 생물군계라고 불리는 하나의
생태계로, 이 생태계 안에는 성질이 다른 생태계들이 존재한다.

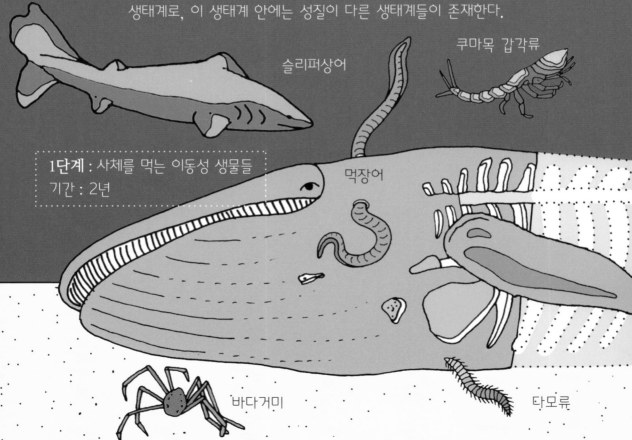

슬리퍼상어

쿠마목 갑각류

1단계 : 사체를 먹는 이동성 생물들
기간 : 2년

먹장어

바다거미

타모류

고래 한 마리가 죽어서 1,000미터가 넘는 바닷속 깊은 곳(심해대, 또는 점심해대라고 불리는)에 가라앉으면, 바닷물이 차가워서 사체가 느리게 부패한다. 그러면 구하기 힘든 풍부한 영양분의 원천을 갖춘 임시 생태계가 조성된다.

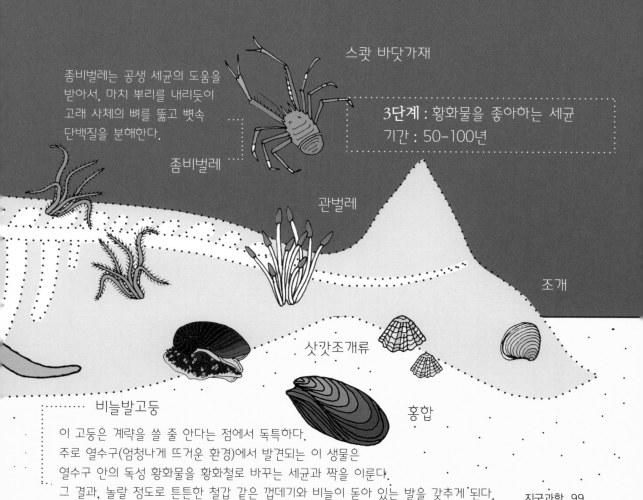

2단계 : 많아진 기회주의자들
기간 : 2년

스콰 바닷가재

좀비벌레는 공생 세균의 도움을 받아서, 마치 뿌리를 내리듯이 고래 사체의 뼈를 뚫고 뼛속 단백질을 분해한다.

3단계 : 황화물을 좋아하는 세균
기간 : 50-100년

좀비벌레

관벌레

조개

삿갓조개류

홍합

비늘발고둥

이 고둥은 계략을 쓸 줄 안다는 점에서 독특하다.
주로 열수구(엄청나게 뜨거운 환경)에서 발견되는 이 생물은
열수구 안의 독성 황화물을 황화철로 바꾸는 세균과 짝을 이룬다.
그 결과, 놀랄 정도로 튼튼한 철갑 같은 껍데기와 비늘이 돋아 있는 발을 갖추게 된다.

바다의 산성화
레몬을 잔뜩 넣은 것처럼 바다가 산성화되고 있다

대기 중의 이산화탄소가 증가하면서 바다의 염기성은 점점 약해지고 있다. 바닷물(pH 8.2)은 원래 순수한 물(pH 7)보다 염기성이라서 온실 기체를 흡수하는 스펀지 역할을 해왔고, 그 과정에서 로그 함수를 바탕으로 하는 pH가 0.1 줄어들었다. 값이 이렇게 조금만 적어져도 실제로는 산도가 30퍼센트나 올라간다.

$$CO_2 + H_2O \rightarrow H_2CO_3$$ ·········
이산화탄소와 바닷물이 반응하여 탄산을 형성한다

········· $$H_2CO_3(용해된) \rightarrow H+이온(산) + HCO^{3-}(염기)$$
탄산이 용해되어 수소 이온과 탄산수소염을 남긴다

········· CO_3^{-2}(바닷물에 이미 존재하는 염기)가 H+이온을 중화한다
염기성인 탄산염 이온이 수소 이온을 중화하며, 그에 따라서 탄산수소염이 많이 만들어지고 그만큼 탄산염 이온(탄산 칼슘을 함유한 껍데기를 만들기 위한 핵심 재료)의 양이 줄어든다

차가운 물일수록 따뜻한 물에 비해서 이산화탄소를 더 빨리 용해한다. 그래서 극지방의 바닷물은 열대지방의 바닷물보다 훨씬 더 빠른 속도로 산성화되고 있다.

산도

시간

따라서 탄산 칼슘을 함유한 껍데기를 만드는 생물들이 가장 위험에 처해 있다. 이들은 껍데기가 얇아지고 약해지며, 방해석(탄산염 이온이 줄어든 결과물)보다 더 쉽게 구할 수 있는 탄산 칼슘 광물인 아라고나이트와 같은 광물을 구할 수 없어서 몸을 보호하는 기능을 제대로 하지 못한다. 조개껍데기가 얇고 가벼워져서 더 이상 바다 밑바닥으로 가라앉지 못하게 되는 현상은 장기적인 탄소 저장과 관련된 중요한 측면이다.

광합성 과정에서 이산화탄소를 흡수하는 육지의 숲처럼, 바다에서 숲 역할을 하는 갈조류인 켈프는 이산화탄소를 흡수하여 바다의 산성화를 막는 데에 도움을 준다. 이산화탄소의 농도 상승에 적응하기 힘들어하는 생물들의 스트레스 역시 경감된다.

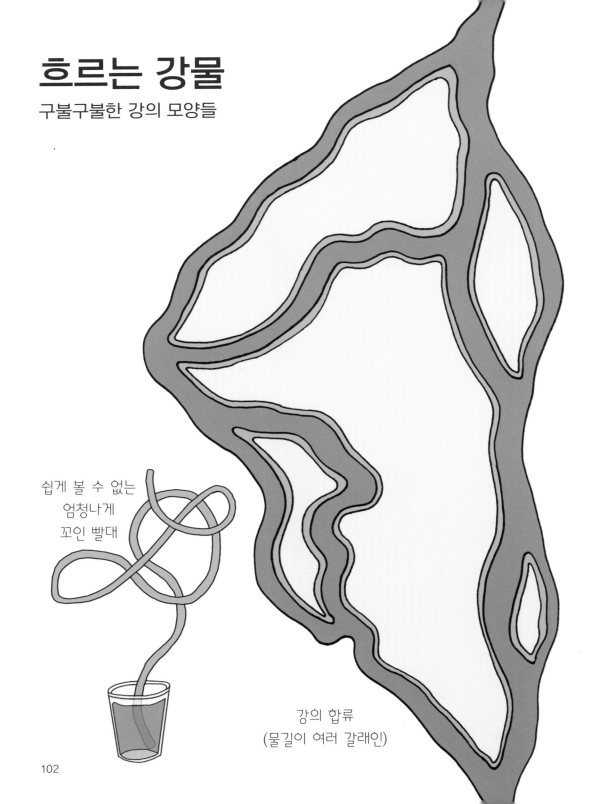

흐르는 강물
구불구불한 강의 모양들

쉽게 볼 수 없는
엄청나게
꼬인 빨대

강의 합류
(물길이 여러 갈래인)

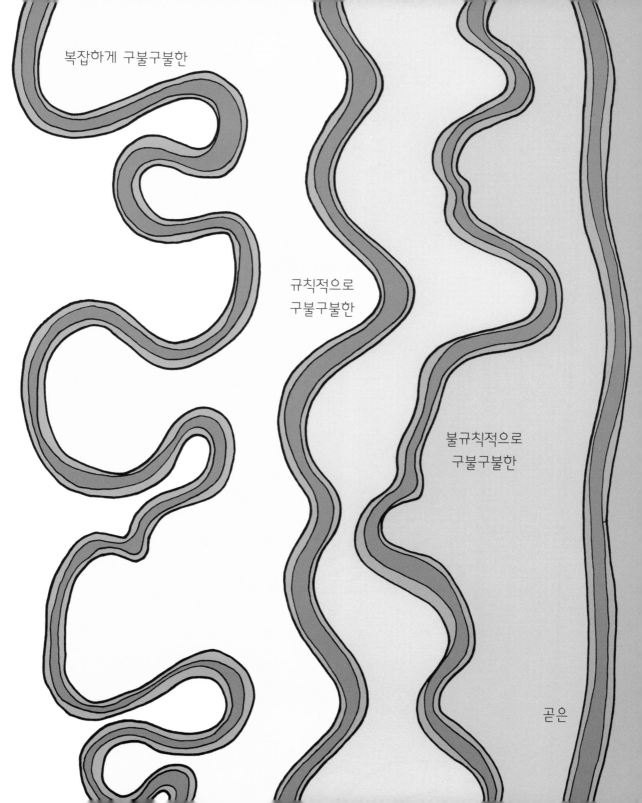

복잡하게 구불구불한

규칙적으로
구불구불한

불규칙적으로
구불구불한

곧은

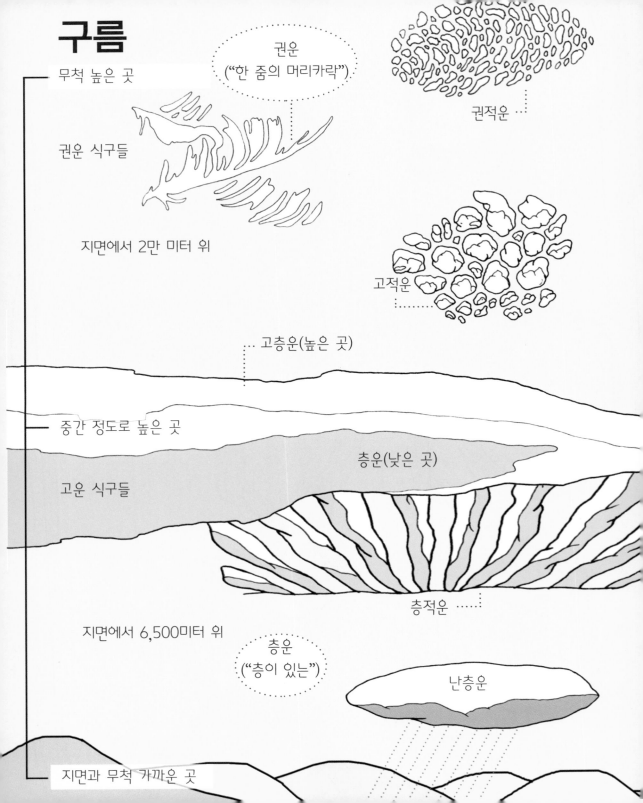

구름

무척 높은 곳

권운
("한 줌의 머리카락")

권적운

권운 식구들

지면에서 2만 미터 위

고적운

고층운(높은 곳)

중간 정도로 높은 곳

층운(낮은 곳)

고운 식구들

층적운

지면에서 6,500미터 위

층운
("층이 있는")

난층운

지면과 무척 가까운 곳

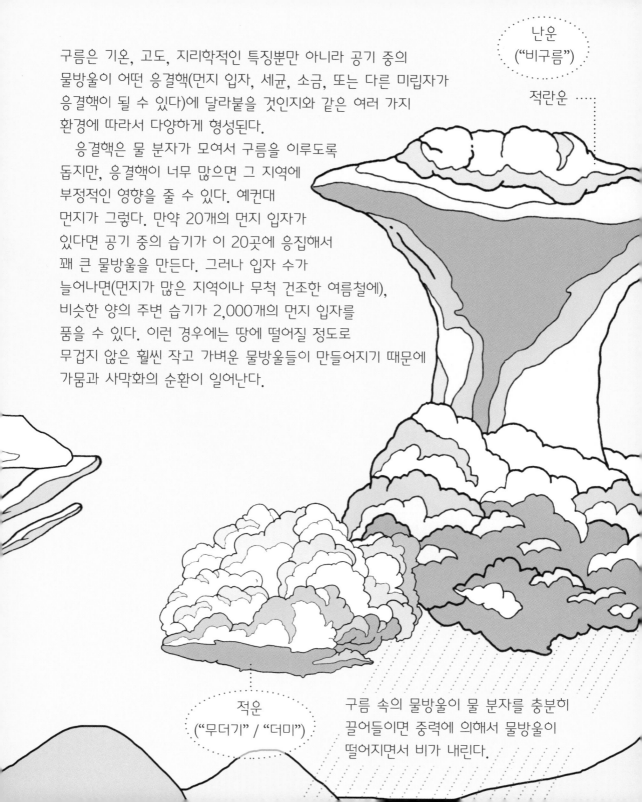

구름은 기온, 고도, 지리학적인 특징뿐만 아니라 공기 중의 물방울이 어떤 응결핵(먼지 입자, 세균, 소금, 또는 다른 미립자가 응결핵이 될 수 있다)에 달라붙을 것인지와 같은 여러 가지 환경에 따라서 다양하게 형성된다.

응결핵은 물 분자가 모여서 구름을 이루도록 돕지만, 응결핵이 너무 많으면 그 지역에 부정적인 영향을 줄 수 있다. 예컨대 먼지가 그렇다. 만약 20개의 먼지 입자가 있다면 공기 중의 습기가 이 20곳에 응집해서 꽤 큰 물방울을 만든다. 그러나 입자 수가 늘어나면(먼지가 많은 지역이나 무척 건조한 여름철에), 비슷한 양의 주변 습기가 2,000개의 먼지 입자를 품을 수 있다. 이런 경우에는 땅에 떨어질 정도로 무겁지 않은 훨씬 작고 가벼운 물방울들이 만들어지기 때문에 가뭄과 사막화의 순환이 일어난다.

난운
("비구름")

적란운

적운
("무더기" / "더미")

구름 속의 물방울이 물 분자를 충분히 끌어들이면 중력에 의해서 물방울이 떨어지면서 비가 내린다.

물리과학

살아 있지 않은 자연적 대상을 연구하는 분야

천문학

화학

물리학

우주 달력

1월 1일에서 이듬해 1월 1일까지,
138억 년의 우주 역사를 365일로 정리해보자

1월 1일 : 빅뱅
1월 22일 : 최초의 은하 형성
3월 16일 : 우리 은하 형성
9월 2일 : 우리 태양계 형성
9월 6일 : 지구에서 가장 오래된 암석이 태어난 날
9월 21일 : 원핵생물(단세포 유기체) 등장
9월 30일 : 광합성 시작
10월 29일 : 남세균이 광합성을 하면서 대기에 산소를 공급. 이것과
달리 산소의 양이 많아지면서 혐기성(산소를 흡수하지 않는) 유기체
들이 대량으로 멸종함. 산소의 공급은 이런 폭넓은 멸종을 일으켰을
뿐만 아니라 메탄(온실 기체)의 양을 감소시켜서 가장 긴 빙하기
("눈덩이 지구 현상"이라고도 부르느)를 촉발
11월 9일 : 진핵생물 등장
12월 5일 : 다세포생물 등장

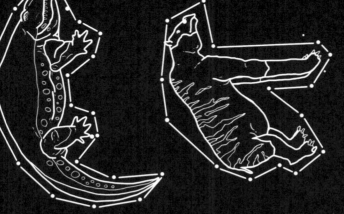

12월 7일 : 몸의 구조가 단순한 동물들

12월 14일 : 척지동물

12월 17일 : 어류, 원시 양서류

12월 20일 : 육상식물

12월 21일 : 곤충, 종자식물

12월 22일 : 양서류

12월 23일 : 파충류

12월 24일 : 페름기 대멸종(90퍼센트의 종이 죽어서 사라짐)

12월 24일 : 파충류 행성

12월 25일 : 공룡

12월 26일 : 포유동물

12월 27일 : 조류

12월 28일 : 꽃

12월 30일 : 백악기 대멸종(비조류 공룡들이 전부 멸종)

12월 31일, 6시 5분 : 유인원

12월 31일, 14시 24분 : 인류의 조상

12월 31일, 22시 24분 : 도구의 사용

12월 31일, 23시 44분 : 불의 발견

12월 31일, 23시 52분 : 인류의 등장

물리학의 4가지 근본적인 힘

우주를 하나로 붙들어놓는 힘은 무엇일까?

4가지 근본적인 힘은 우리를 넘어선, 우리를 둘러싼, 우리 내부의 모든 것들을 온전하게 유지하는 역할을 한다. 예컨대 태양계 행성들의 궤도를 일정하게 유지하거나 가장 작은 집짓기 블록인 아원자 입자들을 함께 붙드는 것이다. 이 4가지 힘은 규모와 세기 면에서 다양한데, 강한 핵력이 다른 힘들에 비해서 훨씬 강력하다. 그러나 이 힘이 미치는 범위는 여러 힘들 가운데 (양자 입자 수준으로) 가장 작다. 반면에 중력은 세기가 가장 약하지만 힘이 미치는 범위는 (우주 전체 수준으로) 가장 넓다.

전자기력

전자기력은 입자들에 작용하는 전기력과 자기력이 조합된 힘이다. 이 힘은 전자들이 강한 양전하를 띠는 핵 주위를 돌게 한다. 그리고 이보다 큰 원소들은 이 힘 덕분에 전자들을 더 끌어들여서 전하의 균형을 맞춘다.

강한 핵력

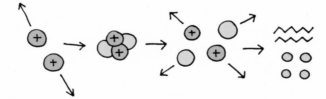

양성자들은 일반적으로 서로를 밀어낸다. 하지만 강한 핵력은 이들 양성자를 중성자들과 결합시켜서 핵을 이루게 할 만큼 강력하다

이 결합이 깨지면 엄청난 양의 에너지가 감마선과 중성미자의 형태로 방출된다

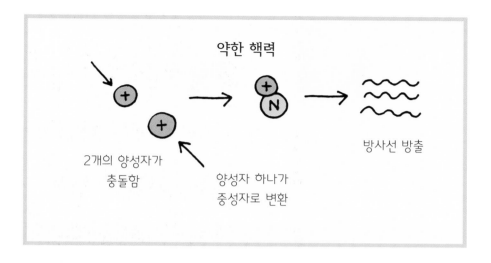

약한 핵력

2개의 양성자가
충돌함

양성자 하나가
중성자로 변환

방사선 방출

중력

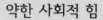

질량을 가진 대상들은 서로를 끌어당긴다

약한 사회적 힘

잘 알려지지 않은 다섯 번째 힘
엄청난 에너지를 산출하지만 효과는 미미하다

대화를 나누는 두 무리 사이에 앉아 있지만,
둘 중 어느 쪽의 대화에도 참여하지 않을 수 있다

접촉의 물리학
여러분은 이 페이지를 만지는 것이 아닐 수도 있다

우리가 무엇인가를 "만진다"고 하더라도 사실은 정말로 그것을 만지는 것이 아닐 수도 있다. 이것은 단지 물리학의 교양 지식 중의 하나라기보다는 중요하고 기본적인 물리학의 원리를 포함하는 것이기 때문에 설명할 만한 가치가 있다.

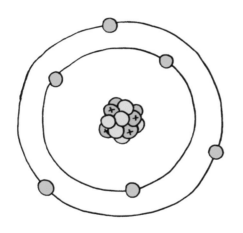

● **양성자** : 양성으로 대전된 입자

● **중성자** : 중성으로 대전된 입자

전자 : 음성으로 대전된 입자로, 핵 주변을 돈다. 핵 속의 입자들과 비교하면 전자는 무척 작은데, 질량이 양성자의 약 2,000분의 1이다

핵 : 양성자와 중성자는 강한 핵력에 의해서 서로 묶여 있다

그림 4 : 원자의 구조

그렇다면 아래 그림에서 손들은 서로 접촉하고 있을까? 답은 '그렇다'이기도 하고 '그렇지 않다'이기도 하다. "접촉"이라는 단어를 두 손의 입자들이 정확히 같은 시간에 같은 위치에 존재하는 것으로 정의한다면 손은 접촉해 있지 않다. 그러나 접촉이라는 단어를 두 원자들이 충분히 가까이에 있어서 전자궤도가 겹치고, 여러분의 손이 친구 손의 원자에 영향을 주어서 맞닿는다는 감각을 일으키는 것으로 정의한다면 어떨까? 그렇다면 두 손은 서로 접촉하고 있다. 원자들은 단단하거나 지속적으로 정해진 경계를 가지지 않기 때문에(전자는 계속 움직인다), 접촉의 의미도 조금 모호해진다. 하지만 어떤 의도와 목적으로 말하든 간에 여러분이 누군가와 하이파이브를 한다면 그동안에 상대방의 손과 접촉하고 있는 것은 확실하다.

뉴턴의 운동 제3법칙

줄다리기의 축소판 게임

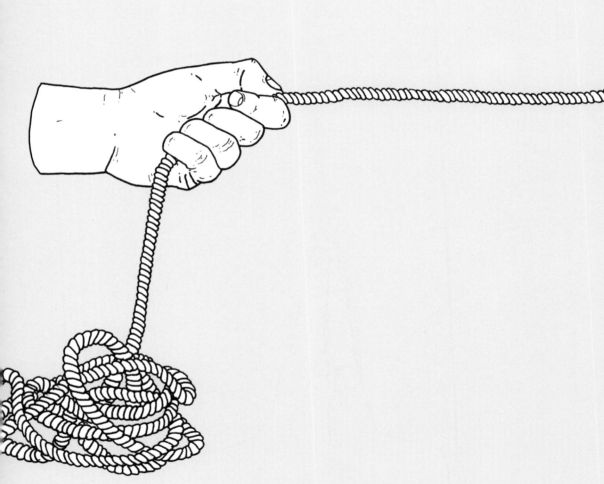

모든 작용에는 크기가 같고 방향이 반대인 반작용이 있다.

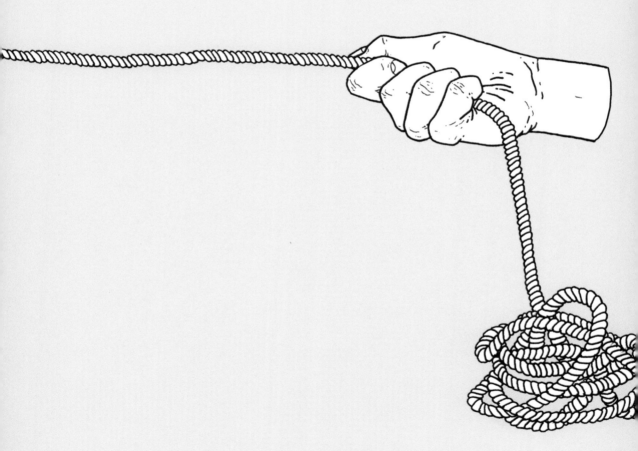

불확정성 원리

하이젠베르크의 원리

한 입자의 속도와 위치는 결코
동시에 정확하게 측정될 수 없다.

여러분이 한 가지 특성을
더욱더 정확하게 측정하려고 하면 할수록
다른 한 가지의 정확성은 떨어진다.

양자 겹침

같은 듯 다른 것

그림 5 : 슈뢰딩거의 고양이

이제 82년이 지났으니 확실히 죽었을 것이다

양자 겹침이란 어떤 한 입자를 측정하고 관찰하기 전까지는 그 입자가 모든 것이 가능한 상태로 동시에 존재한다는 뜻이다. 고양이를 불투명한 상자에 넣고 고양이가 죽을 확률이 50퍼센트인 독을 주입하면, 상자를 열어서 고양이의 상태를 확인할 때까지 그 고양이는 죽은 동시에 살아 있는 셈이다. 관찰자가 상자를 열어야만 비로소 고양이의 상태가 모든 것이 가능한 겹침 가운데 가능성 있는 유일한 한 가지로 붕괴된다.

슈뢰딩거의 고양이 사고실험은 양자 입자들의 기괴한 행동을 보여주기 위해서 만들어졌다.

전자기 스펙트럼

복잡한 개념에 대한 단순한 설명

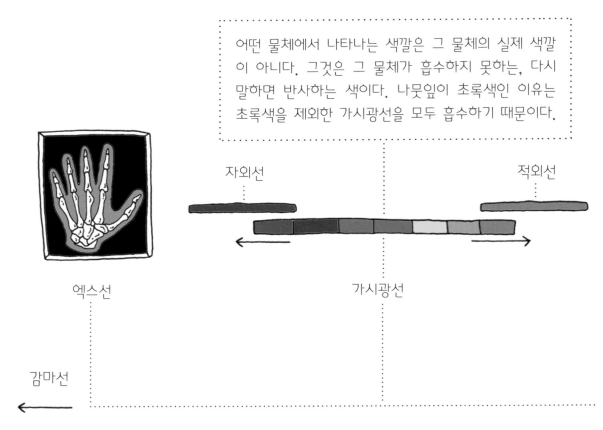

어떤 물체에서 나타나는 색깔은 그 물체의 실제 색깔이 아니다. 그것은 그 물체가 흡수하지 못하는, 다시 말하면 반사하는 색이다. 나뭇잎이 초록색인 이유는 초록색을 제외한 가시광선을 모두 흡수하기 때문이다.

자외선

적외선

엑스선

가시광선

감마선

마이크로파에 대한 간단한 설명 : 여러분이 지금 추위에 떨고 있다고 상상해보자. 여러분이 있는 방에는 여러분 말고도 추위를 느끼는 사람들이 여러 명 더 있다. 여러분은 방 온도가 올라갈 때까지 다른 사람들과 함께 방안을 이리저리 왔다갔다 질주하기 시작했다(그 방을 남은 음식에 비유한다면, 여러분이 최대 속력으로 5분쯤 달렸을 때

짧은 파장, 높은 주파수

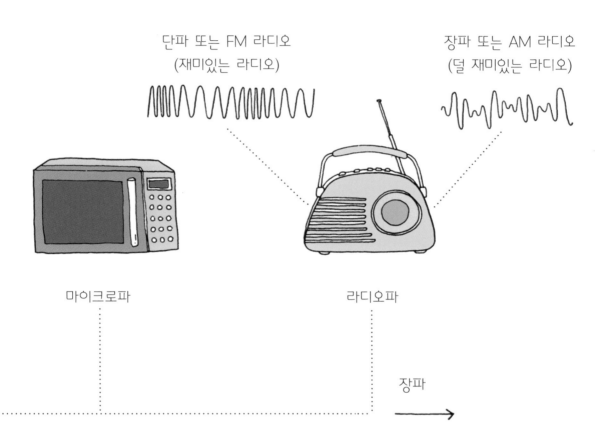

단파 또는 FM 라디오
(재미있는 라디오)

장파 또는 AM 라디오
(덜 재미있는 라디오)

마이크로파

라디오파

장파

음식이 따뜻해질 것이다). 축하한다. 지금 여러분의 행동은 전자 레인지로 데워진 감자 속의 물 분자의 극성과 비슷하다. 마이크로파는 음식 속에 있는 극성을 가진 물 분자에 영향을 주어서 자기적 극성을 1초에 수백만 번 이리저리 변화시킨다. 그러면 열 형태로 에너지가 생성되고, 덕분에 여러분의 음식은 따뜻하게 데워진다.

긴 파장, 낮은 주파수

pH 측정하기

온갖 액체들이 담긴 진열장

0(가장 산성)　　　　　　7(중성)　　　　　　14(가장 염기성)

pH 척도는 주어진 용액 안에 든 수소 이온(H+)과 수산화 이온(OH-)의 비율로 측정한다. 산성 물질은 물에 들어가면 수소 분자들이 분해되어 나오는 화학 구조를 가지고 있어서, 용액 속 수소 이온(H+)의 수를 증가시킨다. 반면에 염기성 물질은 물에서 수소를 받아들여서 용액 속 수산화 이온(OH-)의 수를 증가시킨다.

　이 척도는 로그 또는 지수함수를 따르는데, 척도의 숫자가 하나 증가하면 수소 이온의 농도는 10배 변화한다. pH는 H(수소 이온 농도)의 P(로그)의 약칭이다. 즉 pH가 0인 물질(가장 산성)은 pH가 14인 물질(가장 염기성)에 비해서 수소 이온의 수가 1조(10^{12}) 배 더 많다.

　물의 pH는 7(중성)이다. 순수한 물은 두 이온의 비율이 같은데(더 정확히 말하면 10^{-7}몰*/리터만큼 존재한다) 그렇기 때문에 물의 pH는 7이 된다.

*　몰(mole) : 어떤 용액의 농도는 흔히 몰 농도로 표현되는데, 이는 그 용액의 단위 부피에 용해되어 있는 물질의 양으로 정의된다. 몰 농도는 보통 1리터당 몰의 양(mol/L)을 말한다.

첫 번째 줄 :
그레이프프루트 주스
레몬 주스
침
탄산수
치약

두 번째 줄 :
커피
달걀
베이킹소다
바닷물
토마토 주스

세 번째 줄 :
오줌
손톱
펩토비스몰(제산제)
비눗물
우유

네 번째 줄 :
혈액
암모니아
물
표백제
맥주

다섯 번째 줄 :
세제
산성비
배터리 산
배수관 청소액
쓸개즙

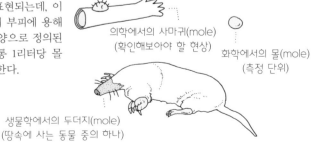

의학에서의 사마귀(mole)
(확인해보아야 할 현상)

화학에서의 몰(mole)
(측정 단위)

생물학에서의 두더지(mole)
(땅속에 사는 동물 중의 하나)

방사성 탄소 연대측정법

공룡이 언제 살았는지 알아내는 방법

생물들은 사는 동안 이산화탄소로부터 탄소-14를 동화시킨다. 생물들 몸속의 탄소-14와 탄소-12의 비율은 일정하다(약 1조 개의 탄소-12당 1개의 탄소-14). 그러다가 생물이 죽으면 몸속의 탄소-14(방사성 동위원소)는 붕괴하기 시작하는데, 붕괴 속도는 반감기 약 5,700년으로 일정하다. 반면에 탄소-12는 몸속에 안정적으로 남아 있기 때문에 탄소-14와 탄소-12의 비율을 측정하면 해당 유기체의 나이를 계산할 수 있다.

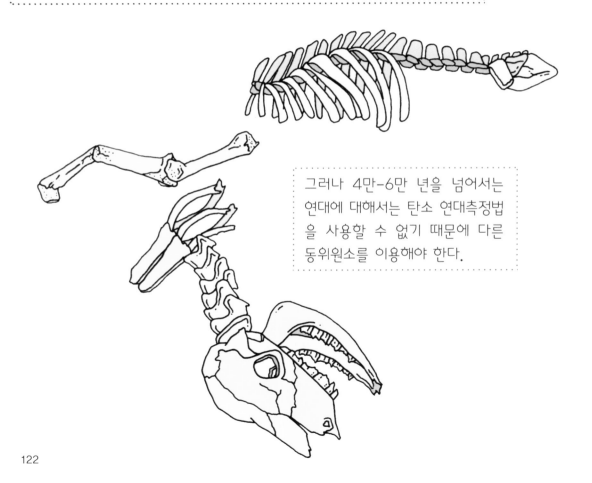

그러나 4만~6만 년을 넘어서는 연대에 대해서는 탄소 연대측정법을 사용할 수 없기 때문에 다른 동위원소를 이용해야 한다.

이산화탄소의 형성

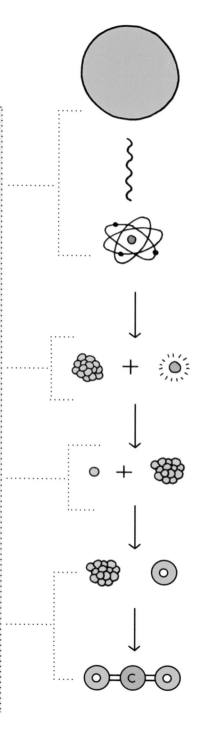

태양에서 방출된 우주선
(cosmic ray)이 공기 중의
원자들과 부딪친다. 이 반응을
통해서 자유롭게 떠다니는
중성자가 방출된다.

중성자가 양성자 7개와
중성자 7개를 가진
질소-14 분자와 결합한다.

따라서 (양성자 6개와
중성자 8개를 가진)
탄소-14 분자가 형성된다.

탄소-14의 대부분은 공기 중의
산소와 반응하여 이산화탄소
($_{14}CO^2$)를 만든다. 식물들은
이 이산화탄소를 흡수한다.

식품은 어떻게 보존될까?

생선을 나중에 먹는 8가지 방법

식품 보존 기법은 식품을 섭취할 때 몸에 해로운 세균과 산화작용을 화학을 활용하여 억제하는 방법이다.

많은 보존 기법들의 목적은 미생물이 성장하기에 호의적이지 않은 환경을 만드는 것이다. 예컨대 극단적인 열기나 냉기를 가하거나, 소금이나 설탕을 사용하여 수분을 제거하는 탈수작용을 거치거나, pH를 산으로 변화시키거나, 방사선을 이용해서 세균을 죽이는(다소 과잉 진압처럼 보이지만) 방식이다.

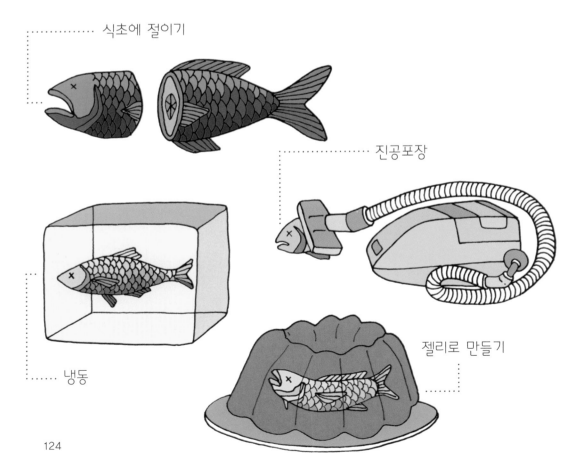

식초에 절이기

진공포장

냉동

젤리로 만들기

보존 기법의 주요 범주는 다음의 3가지로 나뉘는데, 이것들은
각기 다른 부패 요인을 억제하는 것을 목표로 삼는다.

항균제 : 해로운 세균, 효모, 균류의 성장 막기
방부제 : 산화 반응의 속도 늦추기
산 : 숙성 과정을 일으키는 효소들이 만들어지는 속도 늦추기

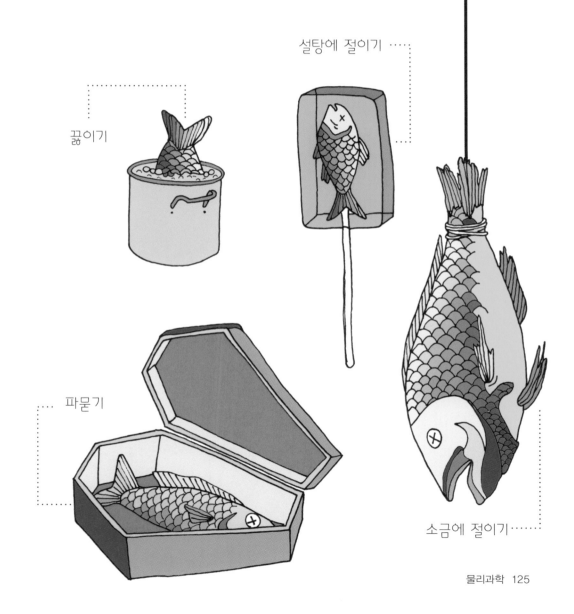

설탕에 절이기

끓이기

파묻기

소금에 절이기

거울

이것의 정체는 대체 무엇일까?

거울을 이해하기 위해서는 먼저 빛에 대해서 알아야 한다. 우리는 표면에서 튕겨져 나와서 (반사되어) 우리 눈에 도달하는 빛만을 볼 수 있다.

　모든 빛은 반사의 법칙을 따른다. 빛은 각도(입사각)에 따라서 들어와서 어떤 표면에 부딪치며, 다시 각도(반사각)에 따라서 반사된다. 빛이 반사되는 각도는 표면의 성질에 따라서 다르다. 대부분의 물체는 표면이 아주 매끄럽지는 않기 때문에 빛이 서로 다른 여러 방향으로 반사되는데, 이것을 난반사 (diffuse reflection)라고 한다.

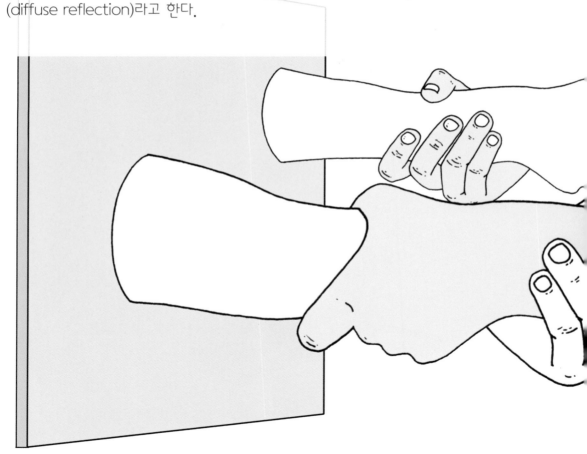

반면에 거울은 표면이 무척 매끄러운 데다가 반사가 매우 잘 이루어지기 때문에 (매끄러운 천 조각과는 달리) 난반사처럼 빛이 흩뿌려지지는 않는다. 거울은 대부분의 빛이 빠져나가지 않도록 막기 위해서 뒷면이 검게 칠해져 있다. 표면에 들어온 각도와 똑같은 각도로 빛이 반사되는 것을 정반사(specular reflection)라고 하는데, 거울에서는 정반사가 일어난다.

즉 여러분이 거울에 비친 모습을 볼 때 (여러분으로부터) 거울에 들어오는 빛의 각도와 거울에서 (여러분의 눈 속으로) 나가는 빛의 각도는 같다. 거울은 반사한 상을 좌우로 뒤집기는 해도 본질적으로는 여러분이 보는 것과 똑같은 "빛 복사본"을 만든다.

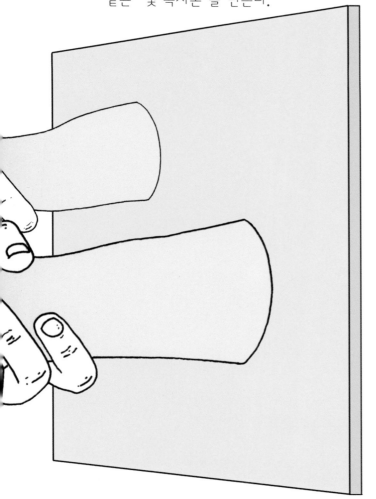

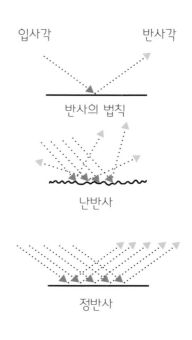

입사각   반사각

반사의 법칙

난반사

정반사

과거 들여다보기

얼마나 먼 곳을 보아야 과거를 볼 수 있을까?

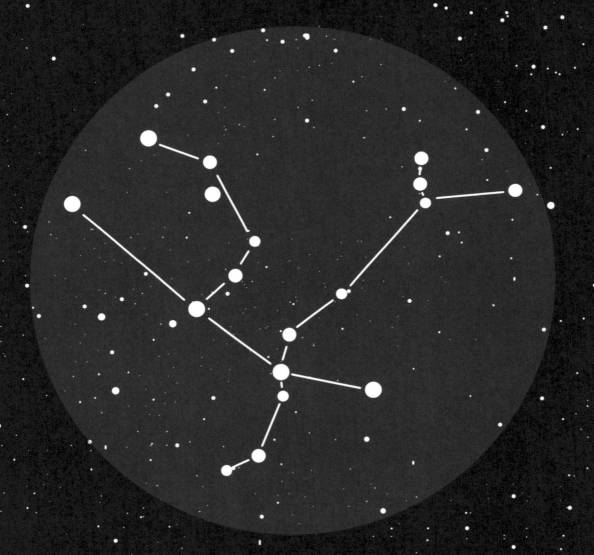

안드로메다 은하는 사람이 맨눈으로 볼 수 있는 가장 먼 곳에 자리한다. 우리 행성인 지구에서 260만 광년 떨어진 곳에 1조 개의 별들이 무리 지어 있다. 260만 년 전에 방출된 빛이 우주 공간을 따라서 엄청난 거리를 건너와서 막 우리 눈에 닿는다. 이 말은 안드로메다 은하를 보는 것은 과거를 들여다보는 것과 같다는 뜻이다.

달의 밝은 면
우리가 볼 수 있는 유일한 면

우리가 달의 한쪽 면만 볼 수 있는 이유는 무엇일까? 반대쪽 면이 부끄러움을 타기 때문일까? 아니면 우리를 의식하고 있거나 잠들어 있기 때문일까?

어쩌면 이런 설명이 옳을 수도 있지만 또다른 설명도 가능하다. 달이 지구 주위의 궤도를 변함없이 회전하는 동주기 자전을 하기 때문이다. 달이 자기 축을 따라서 자전하는 속도와 달이 지구 주위를 공전하는 속도가 같다는 뜻이다.

우리가 달을 볼 수 있는 이유는 태양 빛이 달에 반사되기 때문이다. 그래서 달이 지구와 태양 사이에 있으면 초승달(삭, 태양이 달의 뒤에 있음)이 되고, 지구가 태양과 달 사이에 있으면 보름달이 된다.

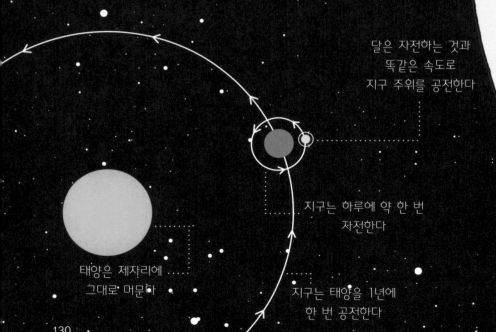

달은 자전하는 것과
똑같은 속도로
지구 주위를 공전한다

지구는 하루에 약 한 번
자전한다

태양은 제자리에
그대로 머문다

지구는 태양을 1년에
한 번 공전한다

우주

간단한 지표

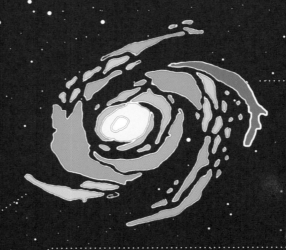

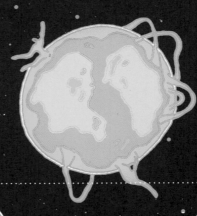

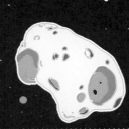

회피대(비-대면 항성들이 자리한 곳)란 관찰 가능한 하늘의 영역(약 20퍼센트) 가운데 외부 은하가 없는 것처럼 보이는 구역을 말한다. 온하수의 기체와 먼지가 멀리 떨어진 은하계에서 온 빛을 가로막는다.

헤르쿨레스 자리-북쪽왕관 자리의 장벽은 우주의 여러 가지 구조물들 가운데 가장 크다(폭이 100억 광년)고 알려져 있다.

우주 거리 사다리
심연을 건너서 올라가기

우주 거리 사다리는 우주의 엄청난 (천문학적인) 거리를 측정하는 데에 사용되는 방법들을 묘사하는 하나의 비유이다. 무척, 무척 멀리 떨어져 있는 대상(다른 은하계)의 거리를 측정하기 위해서 여러분이 가장 먼저 알아야 하는 것은, 무척 멀리 떨어져 있는 대상(예컨대 우리 은하의 변두리에 자리한)의 거리를 측정하는 방법이다.

그러나 그 전에 여러분은 멀리 떨어져 있는 대상(우리 태양계에 있는 행성 같은)의 거리를 측정하는 방법을 알아야 한다.

다시 말하면 여러분은 사다리의 단을 하나씩 올라가야 한다.

지나치게 멀어서
얼마나 먼지도 알 수 없는

터무니없이 멀리 떨어져 있는

정말로 멀리 떨어져 있는

꽤 멀리 떨어져 있는

주의: 실제 비율을 반영해서 그린 것은 아니다

천문학에는 측정 가능한 모든 거리에 적용할 수 있는 유일한 단위 또는 기법이 존재하지 않는다. 직접적으로 측정할 수 있는 것은 지구와 상대적으로 가까운 사물들뿐이다.

다음은 천문학적인 거리를 계산하는 데에 활용되는 몇 가지 방법들이다.

천문단위 : 지구와 태양 사이의 거리이다. 우리 태양계 안쪽의 거리를 재는 데에 사용된다.

레이다 : 레이다는 전자기파를 이용하여 대규모로 일종의 반향 위치를 측정한다. 안테나로 라디오파 또는 마이크로파를 방출한 다음 튕겨져 나오는 파동을 기초로 해서 정보를 수집한다. 레이다를 사용하면 지구에서 금성까지나 지구에서 소행성까지 같은 먼 거리를 측정할 수 있다. 지구와 다른 천체들을 비교하여 거리를 계산하는 것이다. 레이다를 사용하면 지구의 공전궤도를 몇 미터의 오차만으로 매우 정확하게 계산할 수 있다.

삼각시차 : 두 눈으로 사과 한 알을 바라보는 모습을 상상해보자. 그런 다음 왼쪽 눈을 감고 오른쪽 눈으로만 사과를 바라보자. 이제 반대로 오른쪽 눈을 감고 왼쪽 눈을 뜬 후 다시 똑같이 해보자. 여러분이 사과를 바라보는 눈을 바꾸면 사과는 위치를 바꾼 것처럼 보인다. 여러분의 두 눈과 사과가 삼각형을 이루기 때문이다. 이것은 아주 작은 규모로 시차가 생긴 경우이다. 제3의 천체가 얼마나 떨어져 있는지를 계산하기 위해서 지구의 공전궤도(태양의 왼쪽에 자리할 때와 오른쪽에 자리할 때의 위치)가 기준으로 활용되기도 한다.

표준 촉광 : 절대등급(밝기)이 알려진 천문학적 대상을 말한다. 절대등급은 천체의 나이나 거리에 따라서 변화하지 않는다고 가정된다. 만약 우리가 1.5미터 정도 떨어진 전구의 밝기(40와트라고 하자)를 안다면, 기준 거리의 광도를 활용하여 이 전구가 5와트로 보일 경우 전구로부터 얼마나 멀리 떨어져 있는지를 알아낼 수 있다.

세페이드 변광성 : 더욱 가까운 거리의 천체들(우리 은하 또는 이웃 은하)의 거리를 계산하는 데에 활용할 수 있다. 만약 천체들의 거리가 10억 광년 이상이면 천문학자들은 1A형 초신성을 활용한다. 이 초신성이 폭발하면 언제나 동일한 광도(태양보다 50억 배 밝다)의 빛을 생산한다.

10개의 차원

끈 이론 1부

여러분이 물리학자들이 말하는 플랫랜드의 주민이라고 생각해보자. 이곳의 주민은 오직 2차원으로 구성된 세계를 경험한다. 이제 플랫랜드를 한 장의 종이라고 하자. 그리고 속이 빈 고무공이 종이를 뚫고 수직 방향으로 떨어진다고 상상하자. 플랫랜드의 주민인 여러분은 공이 종이를 지나갈 때 공을 "얇게 저민 조각"이라고만 여길 것이다. 처음에는 점이었다가 점차 원의 지름이 커지고, 점차 크기가 작아져서 다시 점이 된다. 플랫랜드의 주민들은 깊이라는 차원이 더해진 공의 개념을 이해하지 못한다. 3차원에 사는 우리가 추가적인 차원을 이해하기 어려운 이유도 이것과 비슷하다. 적절한 맥락상의 규칙이 없으면 우리는 시스템 전체를 이해할 수 없다.

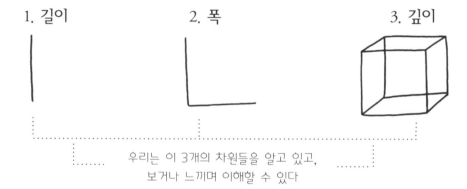

1. 길이 2. 폭 3. 깊이

우리는 이 3개의 차원들을 알고 있고,
보거나 느끼며 이해할 수 있다

플랫랜드 주민

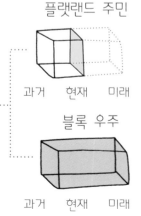

과거 현재 미래

블록 우주

4. 지속되는 기간/시간

우리는 3개의 차원만 볼 수 있다. 즉 우리는 과거나 미래를 볼 수가 없는데, 과거와 현재, 미래가 동시에 존재하는 영원주의나 블록 우주 이론에서는 이것이 가능하다.

　이 이론에서 모든 사건들은 현재와 동등하게 현실적이다. 그러나 우리는 한 번에 하나의 시공간적 점만을 점유할 수 있다.

과거 현재 미래

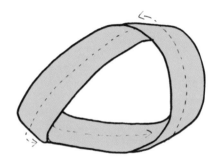

여러분이 뫼비우스의 띠를 따라서 걸어가는 플랫 랜드의 주민이라고 상상해보자. 여러분은 스스로 편평한 표면을 따라서 일직선으로 움직인다고 생각한다. 편평한 2차원에 사는 사람들은 위쪽 차원으로의 움직임을 느끼지 못한다. 3차원의 표면을 따라서 움직이는 2차원의 우리는, 시간을 따라서 움직이는 3차원의 우리와 비슷하다.

5. 수많은 다양한 자아들

실력이 평범한
베이스 연주자

지금 당장은
치과 의사

치과대학에 갈 것인지
록 밴드에 합류할 것인지를
결정함

6. 5차원이라는 하나의 자아 선택지에서 다른 선택지로 뛰어넘는 능력

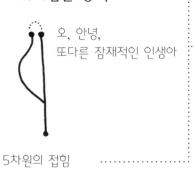

오, 안녕,
또다른 잠재적인 인생아

5차원의 접힘

접힘

매우 많이 움직이지 않고서도
매우 먼 곳까지 움직일 수 있다.

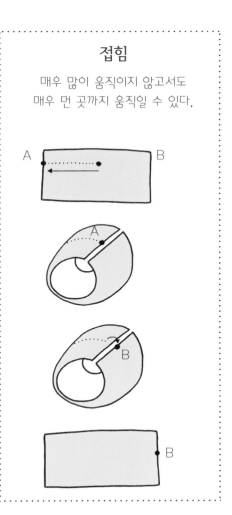

10개의 차원

끈 이론 2부

7. 빅뱅 이후의 (동일한 초기조건에서) 모든 가능한 선택지 또는 결과

빅뱅

8. 다른 물리법칙과 다른 초기조건에서 시작했을 때 도달할 수 있는 가능한 여러 가지 무한들

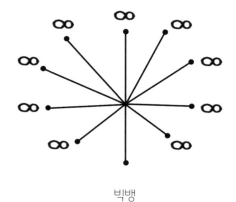

빅뱅

9. 8차원 무한이라는 하나의 선택지에서
다른 선택지로 뛰어넘는 능력

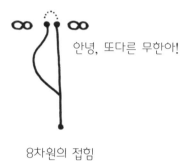

안녕, 또다른 무한아!

8차원의 접힘

10. 가능한 모든 초기조건들과
가능한 모든 물리법칙들에서
가능한 모든 결과들

10개의 차원

끈 이론 3부

하나의 점 : 크기가 정해지지 않은 어떤 시스템 속의 한 장소.
이 점은 가까이에서 들여다본 딸기씨일 수도 있고 우주에서
바라본 싱크홀일 수도 있다.

그림처럼 한가운데 점에서 시작해서 원 안에 가능한 반지름들을 모두 그려 넣는다고 상상해보자. 나중에는 수많은 선들이 매우 빼곡하게 들어차서 텅 비어 있던 원을 완전히 메울 것이다.

　이제 이 한가운데에 있는 점을 여러분의 시작 조건이라고 가정하자. 이 점에서 뻗어나가는 모든 선들은 끈 이론 2부에서 1-9번까지 기술된 가능성들이다. 만약 여러분이 가지치기를 해나갈 가능성을 충분히 가졌다면 결국에는 그것이 또다른 시작점을 이룰 테고 여기서 다시 선을 뻗어나가게 할 수 있을 것이다. 선택지는 이렇게 무한정 이어진다.

특이점

우주에서 가장 큰 조그마한 무엇인가

●

특이점이란 1차원을 가진 하나의 점으로
그 안에 무한한 밀도가 담겨 있다

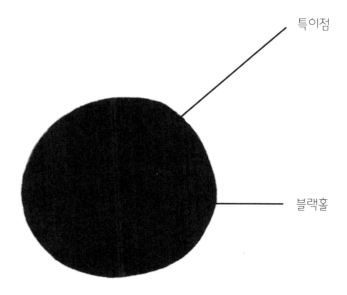

특이점

블랙홀

특이점은 블랙홀의 중심에서 발견된다.

스파게티 이론

또는 국수 효과
또는 우주 파스타
또는 확실한 죽음

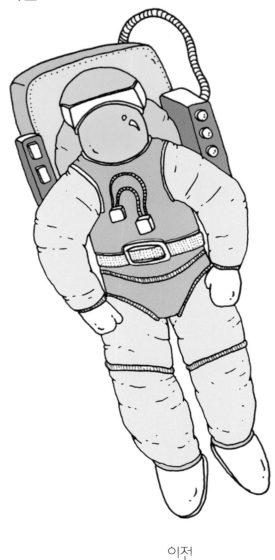

이전

블랙홀은 커다란 별이 죽으면서 생겨난 유령이다. 블랙홀에서 나오는 중력의 끌어당기는 힘은 무척 커서 가까이 다가오는 모든 것을 길게 늘인다. 본질적으로 스파게티처럼 가늘게 죽 늘여버리는 것이다.

이후

진공

무(無, nothingness)를 만들고 그 안을 개의 털로 채우기

진공이란 물질이 전혀 존재하지 않는 공간이다. 진정한 의미의 완벽한 진공에는 입자도 들어 있지 않다.

먼 우주 공간인 심우주(deep space)는 실험실에서 인공적으로 만든 진공보다 완벽한 진공에 더 가깝다.

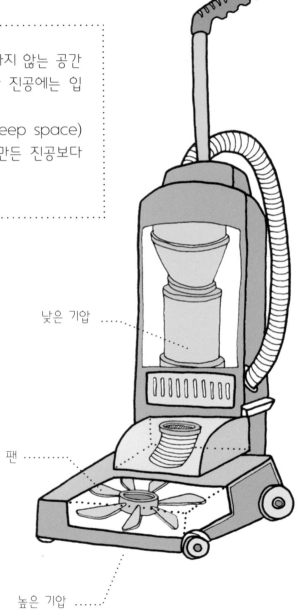

낮은 기압

팬

높은 기압

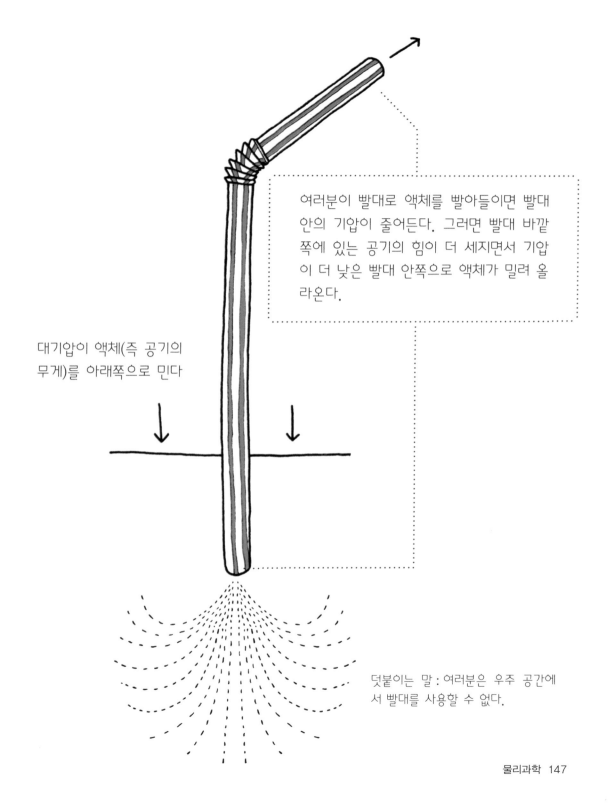

여러분이 빨대로 액체를 빨아들이면 빨대 안의 기압이 줄어든다. 그러면 빨대 바깥쪽에 있는 공기의 힘이 더 세지면서 기압이 더 낮은 빨대 안쪽으로 액체가 밀려 올라온다.

대기압이 액체(즉 공기의 무게)를 아래쪽으로 민다

덧붙이는 말 : 여러분은 우주 공간에서 빨대를 사용할 수 없다.

감사의 말

나의 머릿속에 든 것을 종이 위에 자유롭게 옮기게 해주고 그 결과물이 멋질 것이라고 믿어준 훌륭한 담당 편집자 세라에게 감사한다. 내가 아이디어와 자신감을 가지는 일, 글쓰기 작업에 몰두할 수 있도록 도와준 케이트에게도 고맙다. 별 쓸모는 없었지만 귀여웠던 토끼에게도 고마움을 전한다. 폴은 너그럽게도 나의 과학적 지식이 정확한지 확인해주었다. 클레어와 캐시는 책 쓰기를 포함한 삶의 모든 영역에 대하여 무한정한 지지를 해주었다. 과학을 사랑하는 전 세계의 사람들, 그리고 자신이 과학을 사랑한다는 사실을 (아직) 모르는 모든 사람들에게 이 책을 바친다.

찾아보기